JIYU SHEHUI ZIBEN DE GUANLIZHE XINGWEI YU
SHIGONG RENYUAN ANQUAN XINGWEI GUANXI YANJIU

基于社会资本的管理者行为与施工人员安全行为关系研究

吴秀宇/著

清华大学出版社
北京

图书在版编目(CIP)数据

基于社会资本的管理者行为与施工人员安全行为关系研究 / 吴秀宇 著. —北京：清华大学出版社，2018

ISBN 978-7-302-50654-6

Ⅰ.①基…　Ⅱ.①吴…　Ⅲ.①建筑施工企业—安全生产—生产管理—研究　Ⅳ.①TU714

中国版本图书馆 CIP 数据核字(2018)第 158321 号

责任编辑：王燊娉　张雪群
封面设计：赵晋锋
版式设计：方加青
责任校对：牛艳敏
责任印制：宋　林

出版发行：清华大学出版社
　　　　　网　　址：http://www.tup.com.cn，http://www.wqbook.com
　　　　　地　　址：北京清华大学学研大厦 A 座　　　　　邮　　编：100084
　　　　　社 总 机：010-62770175　　　　　　　　　　　邮　　购：010-62786544
　　　　　投稿与读者服务：010-62776969，c-service@tup.tsinghua.edu.cn
　　　　　质 量 反 馈：010-62772015，zhiliang@tup.tsinghua.edu.cn
印 装 者：三河市铭诚印务有限公司
经　　销：全国新华书店
开　　本：170mm×240mm　　　印　　张：13.25　　　字　　数：223 千字
版　　次：2018 年 11 月第 1 版　　　印　　次：2018 年 11 月第 1 次印刷
定　　价：98.00 元

产品编号：078995-01

前言

近年来，随着我国建筑业的快速发展，建筑安全事故的发生次数和施工人员的伤亡人数居高不下。其中，施工人员的不安全行为是导致事故发生的重要原因之一。由于施工活动的流动性和非集权性等特点，传统安全管理理论在适用过程中并未达到很好的效果。社会资本理论在促进人的安全、健康等方面的重要作用已经逐渐得到人们的关注，但其在施工安全领域的研究还比较少，对施工人员而言，个体拥有的社会资本对他们的行为决策具有重要的影响。分析管理者行为以及施工人员与管理者之间形成的社会资本对施工人员安全行为的影响关系，对提高施工人员安全行为、降低安全事故发生率具有重要意义。

本书立足于我国施工活动面临的严峻安全形势和存在的安全管理问题，通过梳理国内外关于施工主体安全行为的相关研究，结合我国施工实践，从社会学角度，提出了社会资本理论对提升施工人员安全行为的重要意义。借鉴组织行为理论、行为安全理论和社会资本理论的相关研究，其主要研究内容包括以下三个部分：首先，从组织层面、社会环境层面和个体层面分析了施工人员安全行为关键影响因素，分别就组织安全行为对施工人员安全行为的影响以及社会资本对施工人员安全行为的影响进行了实证分析；其次，利用探索性案例方法构建了社会资本、管理者行为与施工人员安全行为之间的理论模型，并利用获取的大样本数据对模型的假设关系进行了检验；最后，考虑时间因素，采用演化博弈的理论与方法对管理者行为与施工人员安全行为的演化规律进行了求解分析。

本书为国家自然科学基金面上项目"基于社会资本的建筑施工安全行为与决策模型"(项目编号：71571130)的阶段性研究成果。在此，感谢国家自然科学基金委员会和天津财经大学的经费资助，感谢清华大学出版社老师们为本书出版付出的辛勤劳动，感谢参加课题研究的各位成员以及为课题研究提供帮助的同仁们。

由于笔者能力有限，书中难免有疏漏，甚至错误之处，敬请各位读者、同行批评指正，对此，本人不胜感激。最后，对本书所参考的国内外文献作者表示深深的谢意。

吴秀宇

2018年5月20日

目录

第1章　绪论

近年来，随着我国建筑业的快速发展，建筑安全事故的发生次数和施工人员的伤亡人数居高不下。其中，施工人员的不安全行为是导致事故发生的重要原因之一。由于施工活动的流动性和非集权性等特点，传统安全管理理论在适用过程中并未达到很好的效果。社会资本理论在促进人的安全、健康等方面的重要作用已经逐渐得到人们的关注，但其在施工安全领域的研究还比较少，对施工人员而言，个体拥有的社会资本对他们的行为决策具有重要的影响。分析施工人员之间及其与管理者之间形成的社会资本对管理者行为与施工人员安全行为的影响关系，对于提高施工人员安全行为、降低安全事故发生率具有重要意义。

🔆 1.1 研究背景和问题提出

1.1.1 研究背景

近年来，随着我国社会城镇化的进一步加强以及城市房屋和基础设施需求的增加，建筑业得到了较快发展。据统计，进入21世纪以来，我国建筑业总产值逐年上升(如图1.1所示)，从2000年的12 497.6亿元上升到2015年的180 757亿元，增长了168 259.4亿元[①]。

---

① 国家统计局. 年度数据查询[EB/OL]. [2017-11-10]. http://data.stats.gov.cn/easyquery.htm?cn=C01.

建筑业总产值(亿元)

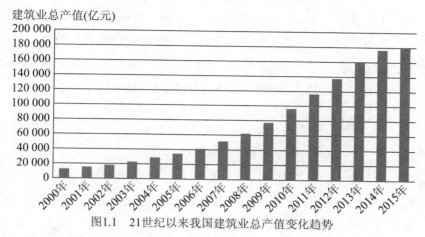

图1.1 21世纪以来我国建筑业总产值变化趋势

数据来源：国家统计局

　　建筑业的发展给我国经济和人们生活水平的提高提供了重要支持，但同时其较高的事故率也给人们的生命健康和社会和谐发展带来了较大威胁。仅就房屋和市政工程的事故发生数和死亡人数来说，已足以将建筑施工活动列为高危活动之一。根据住房和城乡建设部的统计[①]，2010年至2012年以来的房屋和市政工程事故发生数和死亡人数虽逐渐下降，但仍居高不下，且在2013年以后事故发生数和死亡人数又有所上升，2016年全国共发生房屋市政工程生产安全事故634起、死亡735人，比2015年同期事故起数增加212起、死亡人数增加181人，同比分别上升50.24%和32.67%。具体如图1.2所示。

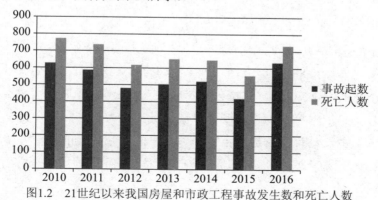

图1.2 21世纪以来我国房屋和市政工程事故发生数和死亡人数

数据来源：整理自住房和城乡建设部《房屋市政工程生产安全事故情况通报》(2010—2016年)

---

① 住房和城乡建设部. 房屋市政工程生产安全事故情况通报[EB/OL]. [2017-11-10]. http://www.mohurd. gov.cn/zlaq/cftb/index.html.

虽然近年来我国建筑施工安全事故的发生得到了一定的遏制，但与国外发达国家相比，事故率和伤亡率仍处于较高水平。而随着我国政府提出的社会经济稳定和谐发展理念的实行以及人们对生命健康提出的更高要求，如何最大限度地发掘施工安全隐患、降低施工安全事故，成为建筑业发展的重中之重。

1.1.2 问题的提出

依据事故致因理论，安全事故发生的原因可以分为直接原因和间接原因，直接原因包括人的不安全行为和物的不安全状态[1]，间接原因包括管理失误[2][3]、工作环境缺陷[4]、安全科技发展不足、社会教育不足以及国家法规欠缺[5]等。Toole[6]总结了导致施工安全事故发生的八个根本原因，分别是缺少合适的培训(lack of proper training)、安全执法不足(deficient enforcement of safety)、没有提供安全设备(safe equipment not provided)、不安全的方法和工序(unsafe methods or sequencing)、不安全的现场(unsafe site conditions)、没有使用提供的安全设备(not using provided safety equipment)、安全意识缺乏(poor attitude toward safety)、偏离规定的行为(isolated, sudden deviation from prescribed behavior)。此外，学者们对上述因素的内涵及其影响因素进行了广泛的研究，根据研究主体的不同可以将其分为对个体和组织两个层面的研究。个体层面包括个体的不安全行为以及导致个体不安全行为的生理、心理及外界因素等；组织层面包括组织的安全管理行为、安全投入决策行为、安全监管的博弈行为等。

上述研究对分析施工企业安全事故的发生原因、减少安全隐患具有重要的贡献，但由于施工活动具有非集权性和流动性等特点[7]，传统安全管理理论对其并不完全适用，主要表现在：一方面，施工活动的非集权性导致安全管理制度在实施过程中不能很好地被执行，大部分基层施工人员在作出某种行为决策时具有较大的自主性，单纯依靠安全管理制度降低了员工行为的灵活性；另一方面，施工活动中人员的流动性常常造成不同个体在时间和空间上的冲突，传统安全管理理论在如何促进管理者与施工人员、施工人员之间的合作与配合方面起到的作用较小。

社会资本理论在促进人的安全、健康等方面的重要作用已经逐渐得到人们的关注，但在施工安全领域的研究还比较少，并且对于我国施工主体——进城务工人员来说，个体拥有的社会资本对他们的行为决策具有重要的影响。基于此，本书引入社会资本理论，分析其在管理者行为与施工人员安全行为之间的作用机理，从而为提高施工安全行为水平贡献绵薄之力。

1.2 研究目的和意义

1.2.1 研究目的

社会资本对于不同行动主体既起到信息桥的作用(为双方提供必要的信息)，也起到人情桥的作用(促进双方形成密切的关系)。本书的研究目的即探究在施工活动过程中工程项目的管理者与施工人员之间共有的社会资本是否在两类主体的安全行为之间起到一定的影响作用。研究问题主要分为三个方面：一是项目管理者与施工人员之间是否存在社会资本，如果存在，具体构成要素是什么；二是如果存在社会资本，在管理者作出某种指令后，社会资本对施工人员作出行为响应的影响程度问题；三是在嵌入社会资本后，二者安全行为演化的规律问题。

1.2.2 研究意义

本书在借鉴社会资本理论的基础上，分析管理者行为对施工人员安全行为的影响关系，研究结果既可以丰富安全行为与安全管理的理论内容，也可以对施工安全管理实践提供理论支持。研究意义主要分为以下两个部分。

理论上，本书借鉴社会资本理论，提出管理者行为对施工人员安全行为的影响关系不仅依靠权威和制度，还受到管理者与员工之间信任、价值观等的影响。研究结果一方面能够促进社会资本理论在施工安全领域的应用研究，另一方面能够丰富安全行为与安全管理理论的内容。

实践上，本书研究结果能够为我国施工活动安全管理提供有益的借鉴，项目管理者可以根据项目自身状况合理依靠社会资本提高安全管理能力、提升安全管理效率，激励施工人员做出安全行为，避免不安全行为，进而在整个项目范围内形成较好的施工安全管理制度和安全文化。

1.3 研究内容和框架

本书立足于我国施工活动面临的严峻的安全形势和安全管理问题，通过梳理国内外关于施工主体安全行为的相关研究，结合我国施工实践，从社会学角度，提出了社会资本理论对提升施工人员安全行为的重要意义。借鉴组织行为理论、行为安全理论和社会资本理论的相关研究，其主要研究内容包括以下三个部分：首先，从组织层面、社会环境层面和个体层面分析了施工人员安全行为关键影响因素，分别对组织安全行为对施工人员安全行为的影响以及社会资本对施工人员安全行为的影响进行了实证分析；其次，利用探索性案例方法构建了社会资本、管理者行为与施工人员安全行为之间的理论模型，并利用获取的大样本数据对模型的假设关系进行了检验；最后，考虑时间因素，采用演化博弈的理论与方法对管理者行为与施工人员安全行为的演化规律进行了求解分析。本书的主要研究内容框架如图1.3所示。

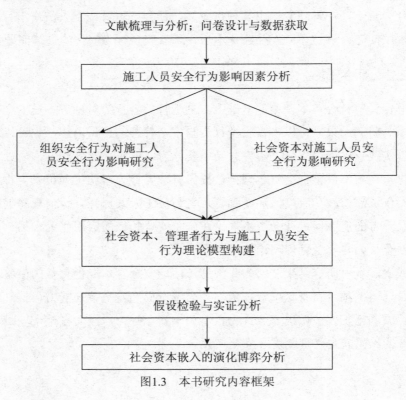

图1.3 本书研究内容框架

1.3.1　建筑施工企业施工人员安全行为影响因素分析

以我国现阶段施工企业员工安全行为状况为研究背景，结合事故致因理论、认知心理学理论和安全行为理论，从社会资本、员工个体和组织管理三个层面构建了施工人员安全行为影响因素体系，并利用遗传算法优化计算从27个影响因素中筛选出了13个关键影响因素。

1.3.2　组织安全行为对施工人员安全行为的影响研究

一般企业往往通过强调遵守安全规范和实施安全管理来促进员工的安全行为，但由于建筑施工项目的分散性和流动性，上述方法不能起到很好的效果。社会资本理论认为，个体之间的信任、沟通等良好的关系对促进团队合作、提高工作效率具有积极作用。据此提出施工企业员工与管理者之间形成的关系资本对组织行为作用于个体安全行为起到一定的调节作用，并采用多元回归方法实证分析了关系资本对二者关系的调节作用。

1.3.3　社会资本、安全认知与施工人员安全行为关系研究

为分析施工企业个体与组织、环境及其他社会因素之间的关系对施工人员安全行为的影响，以社会资本理论、认知心理学理论和安全行为理论为基础建立了施工人员安全行为的影响因素体系，采用因子分析和结构方程理论对社会资本、安全认知与安全行为之间的关系进行了实证分析。

1.3.4　社会资本、管理者行为与施工人员安全行为理论模型构建：一个探索性案例分析

在上述研究的基础上，提出在施工项目中项目管理者与施工工人之间存在某种程度的社会资本，且该社会资本对管理者和施工工人的安全行为具有一定的影响，虽然已有文献对此进行了初步研究，但对社会资本的生成以及社会资本与安全行为之间的作用机理还没有较为深入的阐述。在进行实证分析之前，首先借鉴案例研究方法的优势，以典型工程项目为例，对本书相关变量之间的关系进行探索性分析并据此提出相应理论模型及相关研究假设，为下面进行大样本的实证分析奠定理论基础。

1.3.5　管理者行为对施工人员安全行为影响关系的假设检验：社会资本的调节作用

主要利用获取的大样本数据，采用结构方程模型的理论与方法对1.3.4部分中提出的假设进行检验。假设检验主要分为两个方面：一是对管理者行为与施工人员安全行为之间的假设检验；二是对社会资本调节作用的假设检验，深入分析管理者和施工人员之间社会资本的作用情况。

1.3.6　社会资本嵌入的管理者行为与施工人员安全行为演化博弈分析

考虑到工程实践中管理者行为与施工人员安全行为会随着时间的变化而发生变化，采用演化博弈的理论与方法，进一步分析管理者与施工人员安全行为的动态演化过程，并在嵌入社会资本因子后，求解管理者行为与施工人员安全行为的演化均衡策略，从而为进一步提高管理者与施工人员的安全行为水平提供理论支持。

第2章 相关理论基础及文献综述

🔮 2.1 相关理论基础

本节主要阐述了本书研究问题所依据相关理论的内涵与应用。首先，借鉴组织行为学理论对管理者行为和员工行为的内涵和分类进行了分析；其次，对基于行为的安全理论(BBS)的产生与应用进行了梳理分析，识别了BBS理论在应用过程中的重要意义和主要方法；再次，对本书依据的主要理论——社会资本理论进行了阐述，主要从社会资本理论的来源与内涵、社会资本理论在安全与健康领域的应用三个方面进行了总结分析；最后，对影响行为决策的认知心理学理论进行了阐述分析。

2.1.1 组织行为理论

1. 管理者行为层面

管理者行为是指企业管理者在行使管理职能时做出的一系列活动。根据以法约尔为代表的一般管理理论中对管理职能的划分，管理者行为可以包括计划、组织、指挥、协调和控制等五种行为。Robbins和Judge[8]根据管理者承担的角色将其管理活动分为计划、组织、领导和控制四类。并在之后进一步指出"管理"与"领导"活动具有显著的不同：管理行为主要指管理者为达到安全生产的目标而进行的一系列具体的活动，包括制定管理制度、进行教育培训、与员工进行沟通等活动；领导行为主要指管理者为达到安全生产的目的而进行目标设定、愿景建立的活动，侧重对精神和情感方面的激励和引导，并在某种程度上把握了企业发展的方向。对管理行为的研究往往是针对某个具体行业或企业的问题进行的研究，如本书第一章对管理者行为相关文献的梳理与分析，包括安全管理制度、安全机构设置、安全沟通、安全培训等活动。

与管理行为相比，专门针对领导行为的研究起步较晚。Bass[9]较早地对领导行为进行了阐述与分类，其将领导行为分为交易型领导(transaction leadership)和变革型领导(transformation leadership)两类，交易型领导侧重交换的概念，领导者对其追随者有明确的期望，并对他们的行为作出奖励或惩罚；变革型领导使其追随者形成具有集体利益的共同价值观和共同愿景，并进一步将领导行为的内涵概括为七个指标，分别是领导魅力(charisma)、鼓舞(inspirational)、智力激发(intellectual stimulation)、个性化关怀(individualized consideration)、权变奖励(contingent reward)、例外管理(management by exception)、放任式领导(laissez-faire leadership)。之后有许多学者在此基础上对上述指标进行了分析，并指出了部分指标之间存在不易区分的特点。Avolio等[10]利用验证性因子分析法(confirmatory factor analysis)对上述指标进行了分析，得出了三个高次项的因素和六个低次项的因素，前者包括变革型(transformational)、发展变化(developmental exchange)、纠正逃避型(corrective avoidant)；后者包括领导魅力、智力激发、个性化关怀、权变奖励、积极的例外管理(active management by exception)、被动管理(passive avoidant)。就安全问题而言，Clarke[11]利用元分析的方法，以32篇相关文献的数据为基础，实证分析指出了变革型领导行为对安全参与具有更强的积极影响，而交易型领导行为对安全遵守具有更强的积极影响。

2. 员工行为层面

雍少宏和朱丽娅[12]将员工的工作行为分为两个部分：一部分是由组织自上而下的制度建构出来的行为，这类行为依靠行政权力或是在雇佣关系合同中或是在岗位职责说明书中明确规定强加于员工并付诸实施的规则，具有系统性、强制性和标准性等特征，可以通过具体的考核指标衡量；另一部分是员工自发形成的行为，这类行为没有或不能明确规定，只能在雇佣关系的心理契约构建过程中体现，具有自发性、随机性和情境性等特征，无法进行明确具体的考核。根据两类行为产生的机制不同，前者又可分为角色内行为和角色外行为。他们对中国情境下的角色外行为即员工自发形成的行为进行了深入分析，指出角色外行为是角色内行为的伴随行为，根据是否对组织有利，角色外行为还可以分为益组织行为和损组织行为，前者指员工在履行角色内规范行为之外，还展现出诸如帮助同事、提供人际便利、热爱组织、积极提出合理化建议等有利于组织的行为；后者指员工可能做出如人际关系摩擦、传播谣言、暗箱操作等不利于组织的行为。角色外行为的初始概念为"员工具有想要合作的意愿"[13]，后来经过学者的拓展，发展为"公民行为"：包括和同事进行协调活动、保护已有制度的行为、为改善组织绩效提供创造性建议、进行额外的自我培训以及努力为组织创造有利的外部环境等[14]。Organ[15]进一步延伸了公民行为的概念，提出了组织公民行为的内涵：员工自觉自愿表现出来的、间接或明显不被正式报酬系统认可的但能从整体上提高组织效能的个体行为。根据组织公民行为指向不同又可将其分为人际指向行为和组织指向行为[16]。Coleman[17]详细列举了27种组织公民行为，通过聚类分析，将其分为人际公民绩效、组织公民绩效和工作/任务绩效3类。传统关于角色外行为和组织公民行为的研究都指出其对组织绩效的有利性，如亲组织行为、奉献精神等[18]。但这些行为可能伴随的消极的影响也逐渐得到了人们的关注，如反生产行为——员工有意背离组织合法利益的任何行为，包括破坏组织财产、扰乱工作秩序、传播同事隐私和攻击同事等行为[19]；组织报复行为——员工对组织的惩罚行为，如不作为、暗中对抗等[20, 21]。据此，雍少宏和朱丽娅[12]又将角色外行为分为益组织行为和损组织行为。近年来，随着工作环境日益复杂，不确定性增加，企业中出现的很多问题更需要员工自主、迅速作出对企业有利的行为决策，因此如何开发员工的主动性得到人们的重视，随之兴起了关于"积极行为"的研究。Bateman和Crant[22]将"影响环境改变的相对稳定的趋势"定义为"积极性"，后来随着组织行为学的介入逐渐得出了积极行为的概念：组织中自我引导且关注于未来的员工行为，这些员工行为能够为组织和个人带来积极的变化[23]。赵欣等[24]通过对国外关于积极行为相关研究的分析，总结出了19种积极行为，分别是：职业主动行为、积极认知行为、反馈搜寻行为、个人创新行为、议题推销行为、工作协商行为、工作雕琢行为、自我调节式工作寻找行为、积极落实行为、积极问题应对行为、积极服务行为、个人主动行为、亲社会性规则破坏行为、关系构建行为、战略扫描行为、积极负责行为、工作修正行为和进谏行为等。

综上所述，上文虽然提到了诸如角色外行为、角色内行为、组织公民行为、积极行为、反生产行为、益组织行为和损组织行为等众多概念，但它们之间并不是完全独立的，而是具有一定的重复与区别。如积极行为既包含角色外行为也包含角色内行为，组织公民行为既有可能是积极行为也有可能是消极行为，而角色外行为或组织公民行为也可根据其对组织是否有利而分为益组织行为和损组织行为。因此，员工的行为划分可以根据员工是否具有主动性以及行为带来的后果将其分为四类行为(如图2.1所示)，分别是积极益组织行为、积极损组织行为、消极益组织行为、消极损组织行为。

	有利性	无利性
积极性	积极益组织行为	积极损组织行为
消极性	消极益组织行为	消极损组织行为

图2.1 员工行为分类

四类行为的内涵分别如下。

积极益组织行为：员工积极主动地做出有益于组织和他人的行为，如上文所述关于积极行为的分类。

积极损组织行为：员工积极主动地做出有害于组织和他人的行为，如反生产行为。

消极益组织行为：员工消极被动地做出有益于组织和他人的行为，如遵循相关制度做出的角色内行为，应他人要求做出的组织公民行为。

消极损组织行为：员工消极被动地做出有害于组织和他人的行为，如暗中对抗、不作为等行为。

2.1.2 行为安全相关理论

1. 基于行为的事故致因理论

了解事故致因理论对于分析人的安全行为或心理在事故发生中的产生和作用机理有着重要的作用。事故致因理论认为，安全事故的发生并非一个孤立的事件，而是由一系列具有因果连锁关系的事件导致的，其代表人物主要有海因里希、博德、亚当斯、西岛茂一和北川彻三等。下面简要论述各理论的基本内涵。

(1) 海因里希的事故因果连锁理论[1]

1936年，海因里希(Heinrich)通过对美国工业伤亡事故数据的统计分析得出一般安全事故的发生规律，并指出，虽然安全事故是在一瞬间发生的，但其发生的原因却是由一系列相关的事件组成，即并不是单一因素导致事故的发生。因此，海因里希提出用多米诺骨牌形容这些导致安全事故发生因素间的关系，所以海因里希因果连锁理论又称为多米诺骨牌理论，如图2.2所示。

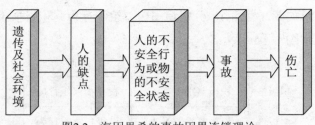

图2.2　海因里希的事故因果连锁理论

由图2.2可见，海因里希将安全事故的发生归纳为由四个因果链和五个要素构成。其中四个因果链分别如下

① 人员的伤亡是由事故发生导致的。人员伤亡不可能凭空发生，而是由安全事故导致的。海因里希指出，由于安全事故发生会导致出乎意料、不可控制的事情发生，从而使人遭受无法抵抗的打击，造成对身体和生命的伤害。

② 事故的发生是由人的不安全行为或物的不安全状态导致的。海因里希指出，人的不安全行为和物的不安全状态是造成安全事故发生的直接原因，如不按相关安全规范进行操作、在工作时间打闹等都属于人的不安全行为，设备安全防护装置的缺失、照明不良等都属于物的不安全状态。海因里希还指出，人的不安全行为是安全事故发生的主要原因。

③ 人的不安全行为或物的不安全状态是由人的缺点导致的。他指出，由于人的缺点，诸如心理、性格上的缺陷和安全知识、技能的不足造成的缺点，都有可能引发人的不安全行为以及物的不安全状态。

④ 人的缺点是由先天遗传或后天社会环境导致的。海因里希认为人的缺点一方面由先天遗传因素决定，另一方面由后天所处的社会环境培养形成，如性格的稳重与鲁莽等都可能由于人的遗传或社会环境的不同而不同。

五个构成要素即遗传及社会环境、人的缺点、人的不安全行为或物的不安全状态、事故和伤亡。他指出，这五个要素是安全事故发生必不可少的条件，如果想避免安全事故造成损失，就要试图控制某个要素不再发生，从而中断事故因果连锁的关系。海因里希提出的事故因果连锁理论开创了人们对安全事故致因的研究，其提出的人的不安全行为和物的不安全状态为人们今后研究事故致因提供了科学的研究方向，但由于其将目光过分集中在人的缺点上，从而忽视了其他因素导致的人的不安全行为和物的不安全状态。

(2) 博德的事故因果连锁理论[2]

1974年，博德(Jr. Bird)从现代管理学视角出发，在海因里希理论的基础上提出了以管理失误为基础的事故因果连锁理论。他指出，虽然人的不安全行为是导致事故发生的主要原因，但不应单单纠结于人的缺点，而应把管理的缺陷作为导致事故发生的本质原因。博德的基于管理失误的事故因果连锁理论如图2.3所示。

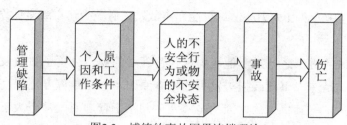

图2.3 博德的事故因果连锁理论

博德在海因里希的基础上提出安全管理的重要性，并将人的不安全行为或物的不安全状态作为表面现象，安全管理才是产生不安全行为或状态的本质原因。他提出的事故发生过程同样包括四个因果链和五个构成要素，但各构成要素的内涵与海因里希的理论有所区别。

① 管理缺陷是导致事故发生的根本原因。根据博德的理论，任何生产性企业仅依靠技术避免安全事故的发生是不可能也不现实的，只有通过安全管理，将安全生产从本质上得到体现，才能避免安全事故的发生。如果安全管理存在缺陷，不能随着生产环境的变化而采取适当的措施，就很有可能发生安全隐患，最后导致事故的发生。

② 个人原因和工作条件是导致事故发生的间接原因。博德认为，员工个人原因和工作条件的不足导致了人的不安全行为或物的不安全状态。个人原因包括员工心理、精神上的不足和安全知识、技能的欠缺。工作条件即员工工作环境的情况，是否具有明确的安全操作规范、设备与材料的安全性及其他影响工作环境的因素等。个人原因和工作条件是引发不安全行为或状态的基本原因，也是导致事故发生的深层次原因。

③ 人的不安全行为或物的不安全状态是事故发生的直接原因。博德将人的不安全行为或物的不安全状态看作事故发生的表层原因，并指出对事故原因的研究不应停留于此，应该深入分析导致不安全行为或状态发生的原因，才能在根本

上避免安全事故的发生。

④ 事故。博德从能量的角度解释事故的概念。他指出，事故是人或物体遭受超过其承受能力的能量接触，防止事故就是防止接触。因此，为避免事故的发生，一方面可以采取改进工艺、装备，增加防护措施等方式阻止能量的释放，另一方面可通过提高员工的安全行为能力避免与能量的接触。

⑤ 伤亡。事故的发生直接导致了人员的伤亡。为避免伤亡的发生，应在应急管理、急救措施方面加大力度，尽可能在事故发生后减少伤亡或避免损失的进一步扩大。

博德理论的进步之处在于他运用现代管理学的观点分析了事故发生的原因，提出管理失误是造成事故或损失发生的根本原因，在一定程度上提高了人们对安全管理的关注，但其将事故原因的本质完全归结于管理原因，夸大了安全管理的效用。任何企业的安全管理都不可能十全十美，也不可能达到完全避免事故的目的，安全管理难以做到面面俱到，尤其是在突发事件面前。

(3) 亚当斯的事故因果连锁理论[3]

1985年，亚当斯(J. Adams)在博德管理失误理论的基础上提出了将人的不安全行为和物的不安全状态归结为现场失误，并认为是管理失误导致了现场失误的发生，从而引发事故。亚当斯的事故因果连锁理论如图2.4所示。

图2.4　亚当斯的事故因果连锁理论

其中，管理失误包括领导者的决策失误，如作出错误决策或没有及时作出决策，和安全管理人员的错误指挥或疏于管理等；现场失误是由管理失误导致的在工作现场出现的不安全行为或安全状态。亚当斯指出了事故或损失的发生是由管理失误和现场失误两个方面共同导致的，又强调了管理失误的根本原因，其定性分析了人的不安全行为和物的不安全状态的性质，但对与员工个人因素和工作环境相关的分析不够深入。

(4) 西岛茂一的4M理论[4]

1996年，日本学者西岛茂一在总结因果连锁理论的基础上，提出了4M致因理论：人为致因(Man)、设备致因(Machine)、作业致因(Media)、管理致因(Management)。其中人为致因包括心理原因、生理原因和职业原因等；设备致因包括设备设计、防护、操作方面的缺陷；作业致因包括作业环境、空间、方法的缺陷；管理致因包括管理组织的欠缺、安全监督与指导不足等。西岛茂一全面论述了企业安全事故致因的因素，在一定程度上为企业进行安全管理提供了理论支持。

(5) 北川彻三的事故因果连锁理论[5]

前述理论都是基于企业内部角度考虑事故致因，而企业和员工都处于国家和社会整个大环境中，国家政策对安全的倡导、鼓励以及社会安全、科技、教育的发展都对企业安全事故有着一定的影响。基于此，日本学者北川彻三提出基于社会视角的事故致因理论，如表2.1所示。

表2.1 北川彻三的事故因果连锁理论

基本原因	间接原因	直接原因		
学校教育、社会、历史	技术、教育、身体、精神、管理	不安全行为不安全状态	事故	损失

北川彻三基于社会环境的视角提出导致安全事故发生的原因是复杂多元的，既包括企业内部安全管理、员工自身的安全知识、技能和心理等因素，也包括国家、社会的安全文化、法律政策等环境是否完善。

(6) 事故模型理论

20世纪70年代，随着生产活动的日益复杂化，人们对安全生产的要求也越来越高。人们借助系统论、控制论等理论观点，逐渐形成了一种新的事故致因理论——事故模型理论。下面以瑟利事故模型为例，阐述这种理论的一般观点。

瑟利模型是由瑟利(J. Surry)提出的一种基于认知过程分析的事故致因理论，该理论将事故分为危险出现和危险释放两个层次，每个层次都包括人的感觉、认知和行为响应三个处理信息的过程。在危险出现层次，如果每个信息处理过程正确及时，则会消除危险或使其得到控制，如果处理信息的过程不正确，就会使人们面对危险；在危险释放阶段，如果每个信息处理过程正确及时，就会避免出现危险释放造成的损失或伤害，如果处理信息的过程不正确，就会导致危险释放，从而造成损失或伤害。瑟利事故模型如图2.5所示。在危险出现和危险释放层次均包括6个关于信息处理的问题，其中第1~2个问题涉及人的感觉，第3~5个问题涉及人的认识，第6个问题是行为响应方面。这6个问题涵盖了人们处理信息的全过程。如果每个环节都能正确处理(即Y)，就会达到无危险或无损害的结果；

反之，如果有一个环节出现问题(即N)，就有可能面临危险或损害。

瑟利事故模型为人们从认知—行为角度分析事故致因提供了新的思路。该模型不仅解释了发生事故的原因，还为预防事故的发生提供支持，即应利用各种手段识别危险的存在，并提升员工对危险的感知能力，同时对员工进行安全培训，提高其处理安全问题的能力。

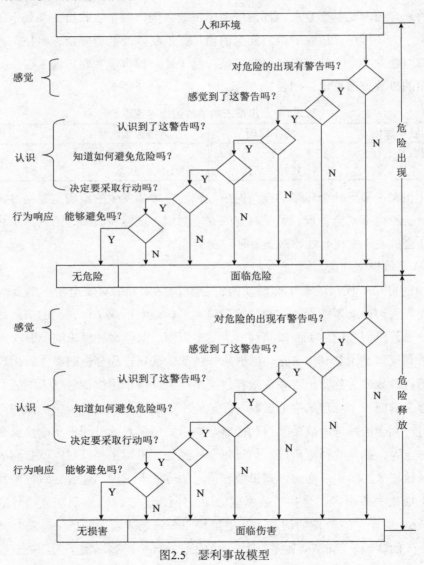

图2.5 瑟利事故模型

2. 行为安全理论的产生与发展

在事故致因理论的基础上，国外学者专门对员工安全行为的研究始于20世纪70年代，主要体现在将行为分析(behavior analysis)的方法应用在企业或员工的安全方面。Komaki等[25]较早地提出了利用行为分析的方法提高生产企业的安全绩效，并指出对员工行为的定义以及频繁的反馈是最有效的手段。同时，Earnest和Palmer[26]在行为科学的基础上将其发展成为一门方法论，并首次使用了"Behavior-Based Safety"(BBS)一词。此后，由Geller和Krause等人对行为安全理论的发展和应用进行了深入的研究，进而广泛应用于各个行业。Smith[27]指出BBS对与工作相关的事故来说并不是一个很好的解决方法，因为BBS强调的运用积极的刺激手段改善员工的行为在短期内会有所效果，但长期来说会让员工具有被操纵的感觉(being manipulated)，从而在管理者和员工之间产生怨恨或埋怨(resentment)。他指出导致事故产生的根本原因不是员工个人的行为，而是系统本身固有的缺陷，从而提出从系统的思想和质量管理系统的角度去完善安全管理问题。Krause等[28]对美国73个企业进行了为期5年的BBS研究，包括组织评估、行为观察、绩效反馈、数据分析和行动计划等步骤，并证实了BBS在减少事故、提升绩效方面的有效性。DePasquale和Geller[29]指出了促进员工参与BBS的五个关键因素：BBS培训有效的认知、对管理能力的信任、BBS属于绩效评估的一部分、员工是否受到BBS的教育和组织的较长任期，此外，通过对比分析员工参与BBS的不同形式——强制参与和自觉参与，发现强制参与更能积极地对BBS进行接受和反馈，并在以下四个方面表现好于自愿参与BBS的员工——参与程度、对管理的信任、对同事的信任、对BBS培训的满意度。Geller等[30]于2004年总结了其对BBS应用的经验，提出了10条成功应用BBS的准则。

① 讲解程序的原理(teach procedures with principles)，在进行BBS培训之前首先向人们讲解BBS的理论和哲学基础；

② 许可员工掌握流程(empower employees to own the process)，使员工拥有BBS流程的所有权，暗示员工具有内在控制、自我负责、自我导向的行为；

③ 给员工选择的机会(provide opportunities for choice)，在管理者限定的框架和方向内给员工选择的机会；

④ 管理支持与参与(facilitate supportive involvement from management)，召开会议讨论、任务制定观察与反馈、危险行为分析、及时解决问题等；

⑤ 保证进程的非惩罚性(ensure that the process is nonpunitive)，惩罚要独立于BBS进程，否则会影响BBS进程中形成的信任、所有权和承诺等；

⑥ 保证指导人员的非指向性(ensure that the coach is nondirective)，只是完成一个关键行为列表(critical behavior checklist，CBC)，观察工人的行为结果并提供反馈，因为行为的修正都是自我导向的，由员工自己负责；

⑦ 从宣布观测结果到不宣布观测结果发展(progress from announced to unannounced observations)，前提是员工真正意识到BBS对他们有益，从而将新的行为方式作为他们知识的基础；

⑧ 关注相互作用，不只是数字(focus on interaction，not just numbers)；

⑨ 持续评估并重新定义进程(continuously evaluate & refine the process)；

⑩ 使进程成为更大努力的一部分(make the process part of a larger effort)，BBS应被视为一个减少伤害的系统的方法。

Zhang和Fang[31]指出由于施工现场和劳动力的动态性和临时性，在建筑行业应用基于行为的安全方法(behavior-based safety)面临严峻的挑战，因此提出了一个持续的BBS策略，结合了监管干预循环(supervisory-based intervention cycle，SBIC)与行为安全追踪和分析系统(behavior-based safety tracking and analysis system，BBSTAS)，并证实了其有效性。

2.1.3 社会资本理论

1. 社会资本理论的来源与内涵

社会资本的概念最早由Loury于1977年提出，他将社会资本看作与物质资本、人力资本相对应的一种社会资源，这种资源存在于家庭关系与社区等社会组织中并对经济活动产生影响[32]。此后，以Bourdieu、Coleman和Putnam为代表的学者分别从个体、集体和社会角度对社会资本的概念进行了阐述。Bourdieu[33]指出，社会资本是与某种持久关系网络紧密结合的实际或潜在的资源集合体，这种关系网络得到公认，并且每个个体都拥有取得网络中资源的权利，其开创了人们利用社会网络分析社会资本的先河；Lin[34]认为社会资本嵌入社会网络结构中，并指出社会资源的结构嵌入性、对于个体的易接近性及个体在具有某种行为导向时如何利用某种资源是社会资本研究的三个重要特点；与Bourdieu仅强调个

体利益不同，Coleman[35]指出社会资本具有资源的互惠性和收益的共享性，从而
会促进集体目标的达成；Fukuyama[36]认为社会资本是群体和组织中人们为达成
共同目的而一起合作的能力；Putnam[37]进一步指出了社会资本是社会组织的某
种特征，如网络、规范及社会信任，社会组织利用社会资本促进合作并实现社会
效益，且验证了社会资本对民主发展的作用；Dmrlauf和Fafchamps[38]也指出了社
会资本是在网络中形成的行为规范和个体之间的互相信任，社会资本的存在能
够促进社会和经济的发展。此外，还有很多学者给出了社会资本的定义，结合
Turner[39]和Jeong[40]的总结分析，按年份由远及近列出国外学者关于社会资本的定
义，如表2.2所示。

表2.2　国外学者关于社会资本的定义

定义内容	作者(年份)
社会资本被看作与物质资本、人力资本相对应的一种社会资源，这种资源存在于家庭关系与社区等社会组织中并对经济活动产生影响	Loury(1977)
社会资本是与某种持久关系网络紧密结合的实际或潜在的资源集合体，这种关系网络得到公认，并且每个个体都拥有取得网络中资源的权利	Bourdieu(1986)
社会资本是一种源于社会结构的资源，由个体之间关系的变化创造，人们利用它追求自己的利益	Baker(1990)
能够提供支持的人数和资源	Boxman等(1991)
是一种社会资源，它能够影响人们之间的关系和生产的投入	Schiff(1992)
社会资本产生于个体与同事、朋友或一般联系的人的关系之中，它将金融资本和人力资本转化为利润其核心概念是权力、声望和社会资源	Burt(1992)
社会资本具有资源的互惠性和收益的共享性，从而会促进集体目标的达成	Coleman(1994)
社会组织的功能：网络、规范和社会信任，促进协调与合作，实现互利共赢	Portes和Sensenbrenner(1995)
社会资本是群体和组织中人们为达成共同目标而一起合作的能力	Fukuyama(1995)
社会资本是社会组织的某种特征，如网络、规范及社会信任，社会组织利用社会资本促进合作并实现社会效益，且验证了社会资本对民主发展的作用	Putnam(1995)

(续表)

定义内容	作者(年份)
个体的私人网络和与经营机构的联系	Belliveau等(1996)
社会资本被定义为存在于组织成员之间特定的非正式价值和规范	Fukuyama(1997)
影响个体行为的社会关系，从而影响经济增长	Pennar(1997)
公民之间的合作关系，可以解决集体行动的问题	Brehm和Rahn(1997)
存在于自愿协会中的信任和宽容的文化	Ingleart(1997)
处在社会网络或其他社会结构中的个体获得利益的能力	Portes(1998)
社会资本包括社会环境的诸多方面，如社会关系、信任关系和价值体系，以促进处于该范围内个体的行为	Tsai和Ghoshal(1998)
来自个体或社会单位的实际和潜在的资源嵌入，社会资本包括网络和通过网络取得的资产	Nahapiet和Ghoshal(1998)
社会网络中固有的信息、信任、互惠和规范	Woolcock(1998)
社会参与者在组织内部以及组织之间创造和调度网络连接的方法，是获取其他社会参与者资源的途径	Knoke(1999)
社会资本嵌入社会网络结构中，社会资源的结构嵌入性、对于个体的易接近性及个体在具有某种行为导向时如何利用某种资源是社会资本研究的三个重要特点	Lin(2001)
社会资本是在网络中形成的行为规范和个体之间的互相信任，其存在能够促进社会和经济的发展	Durlauf和Fafchamps(2003)
一笔宝贵的财富，其价值源于通过参与者的社会关系所使用的资源	Moran(2005)
如果个体处于特定环境下，包括诸多社会环境方面、有利于行动的结构或网络，如社会交往、社会关系、信任关系和价值体系等	Liao和Welsh(2005)
一个由个体或组织掌控的嵌入、可利用并且源于关系网络的资源集合	Inkpen和Tsang(2005)
利用这些参与者在社交网络和/或这些参与者社会关系的环境中的地位，表示一种可供个体或集体所用的资产	Maurer和Ebers(2006)
通过社会关系提供源于从途径到资源的一笔宝贵的财富	Krause等(2007)

社会资本于20世纪90年代引入我国后也得到了广泛的研究。根据研究主体的不同，对社会资本概念的研究可以分为组织(企业)社会资本和个体(企业家、其他个体)社会资本的研究，如表2.3所示。

表2.3　国内学者关于社会资本的定义

分类	定义	来源
组织社会资本	存在于社会结构中的一种资源，既能帮助正式组织也能帮助非正式组织提高经济效益	张其仔[41]
	行动主体与社会的联系以及通过这种联系摄取稀缺资源的能力，联系包括：纵向联系是企业与上级领导机关、当地政府部门以及下属企业、部门的联系；横向联系是企业与其他企业的联系，如业务关系、协作关系、借贷关系等；社会联系是企业经营者的社会交往和联系	边燕杰和丘海雄[42]
	存在于行动者之间关系的资本，不具有私有物品的性质，包含两个层次：一是扮演桥梁作用的社会资本——企业在与其他行动者的联系中获取具有竞争优势的关键性资源；二是扮演黏合作用的社会资本——通过企业内在的社会网络和规范融合组织内部的行动者，从而为整个组织实现目标提供便利	周小虎和陈传明[43]
	以企业组织为中心的可以给企业带来利益或潜在利益的社会关系网络，这种关系网络包括企业与其他企业、企业与政府、企业与非营利组织、企业与社区以及企业内部组织关系之间形成的关系网络	王革等[44]
	网络是企业社会资本的表现形态，信任是企业社会资本的本质，缺少信任要素，企业等组织将会瓦解，企业依据与不同主体形成的信任网络得以存在和发展：以管理层为核心的紧密联系其他成员和部门的微观信任网络是企业生存发展的基础；企业与经营业务有关联的交易对象、合作伙伴之间的中观信任网络是企业生产能力、创新能力的原动力；企业与社区、政府、公众或社会团体等形成的宏观信任网络是企业获取利润和发展的基础	李敏[45]
	企业动用了的、用来从事生产经营活动的社会网络或社会资源。社会资本蕴涵在关系网络之中，表现为利用关系网络借用资源的能力	刘林平[46]

(续表)

分类		定义	来源
个体社会资本	企业家	企业家的社会资本与其工作的本质相关，是其在企业内外构造、运营和发展过程中形成的人际关系网络，这种社会资本起到了信息传递和组织黏合的功能	陈传明和周小虎[47]
		根据企业家接触网络关系对象的性质将企业家社会资本分为企业家政府社会资本、企业家技术社会资本、企业家金融社会资本和企业家市场社会资本四类，不同类型的社会资本提供不同类型的资源	杨鹏鹏等[48]
		以企业家为中心，可以给企业带来利益或潜在利益的社会关系网络，网络主体关系包括企业家与企业组织之外的社会成员、企业家与社会组织、企业家与企业内部组织和成员	王革等[49]
	员工	以员工为中心，可以给企业带来利益或潜在利益的社会关系网络，网络主体关系包括企业员工与企业之外的社会成员、企业员工与社会组织及企业员工与企业内部员工之间	王革等[49]
	其他	个体层面对社会资本的定义，将资本分为物质资本、人力资本和社会资本三类：其中物质资本是外在于社会行动者的物质财富，人力资本是内化于社会行动者的知识、技能等，社会资本是存在于社会行动者网络之间的资源；对于物质资本来说，可以被行动者独自占有，因投资而变动，人力资本并不因使用而变少，但对于社会资本来说，任何单方行动者都不能拥有这种资源，它需要依靠人与人之间的社会关系网络发展、积累和利用。这种关系是非正式、私人领域的关系，而不是正式的组织成员关系	边燕杰[50]
		社会资本是存在于特定共同体中的以信任、互惠和合作为主要构成要素的社会结构资源，是影响我国社会发展的重要因素	周红云[51]
		将进城务工人员社会资本定义为个体从社会网络和其身处的社会制度中可能获得的资源，从而将社会资本分为关系型社会资本(依托于社会关系网络)和契约型社会资本(依托于制度资源)	刘传江和周玲[52]
		进城务工人员社会资本分为整合型社会资本和跨越型社会资本，整合型社会资本是由地缘、亲缘等闭合网络方式形成，跨越型社会资本则因流动造成不同社会群体之间跨越联结形成	王春超和周先波[53]

综上所述，可以得出社会资本的三种属性：一是其源于社会网络，并嵌入社会网络中，即结构嵌入性；二是属于某个群体、组织或社会集体的某种无形资源，即无形性；三是网络中的组织或个体可以利用该种资源实现某种目的，即可利用性。施工组织作为一个复杂的网络组织，也存在着相应的社会资本，它不同于传统的权力资本或制度资本，而是靠网络中的人与人之间的联结和关系起到协调矛盾、形成组织规范和文化的重要作用。

2. 社会资本在安全、健康领域的应用

以往关于社会资本的研究多集中于个体或组织获取资源、提高企业竞争力和绩效等方面(如Burt的结构洞理论[54])。近年来，不断有学者开始关注社会资本对各领域的健康、安全等问题的研究。Nagler[55]利用美国48个州10年的交通事故的面板数据，实证分析得出了社会资本与交通事故的负相关关系，指出公共交通与众多经济活动一样需要个体之间的协调活动，而个体间的信任和规范对驾驶人员的行为具有显著的影响。Tang等[56]通过对704名位于香港的教师进行问卷调查和实证分析，指出社会资本对教师的安全健康氛围和安全行为具有显著作用。Veino等[57]通过对意大利952位父母(742位母亲)、588个男孩、559个女孩的数据收集，实证分析了社会资本(邻居支持、社会风气)对青少年反社会行为的间接影响(父母教育作为中介变量)，指出一个具有丰富社会资源的环境能够促进社会共同价值观和规范的形成，从而促进非正式的社会控制和合作行为。Koh和Rowlinson[58, 59]将社会资本理论应用到对建筑施工项目的安全研究，指出以往对于建筑项目安全管理多是基于规范遵从、错误预防和风险管理的方法，缺乏对项目团队组织过程的研究，并未很好地起到降低事故的作用，而社会资本强调组织的适应性和合作，并促进了个体的参与，从而提高了安全行为和安全绩效水平，由于社会资本主要表现为对项目参与者交互行为的影响，因此考察了社会资本、组织过程和安全绩效的影响，通过实证分析指出结构维度对安全绩效影响不显著，而认知维度和关系维度通过影响项目参与者的适应度和行为影响项目的安全绩效。Chang等[60]实证分析了社会资本(社会互动、信任和共同愿景)对知识共享和病人安全的影响关系，指出对于护士的信任和共同愿景对病人的安全影响显著。Rao[61]提出了一个事故分析管理模型，通过追踪安全社会资本、网络关系和关键责任人来分析事故的原因，整合导致事故的动机来源和失败的组织控制。Wood等[62]分析了建筑环境、社会资本和社区居民安全感的关系。

在国内，社会资本对健康、安全领域的研究较少，李书全等[63]实证分析了施工企业内社会资本、情绪智力和安全绩效的关系，指出社会资本的结构维度、关系维度和认知维度通过员工的情绪智力起到提高安全绩效的间接作用。此外也有学者对社会资本与城市公共安全方面的关系进行了分析。

2.1.4 认知心理学理论

认知心理学是在行为主义心理学基础上发展出来的一门学科。1976年，奈塞尔(U. Neisser)的《认知心理学》一书的出版，标志着认知心理学的正式诞生[64]。他在书中指出，认知是感觉输入及其被转化、简约、精加工、储存、恢复和应用的全过程，即使在没有外界刺激的时候，这些过程也可以运行。认知心理学抛弃了行为主义心理学严格的环境决定论，指出人的行为并不是简单的与环境刺激的函数关系，而是在行为和环境之间存在着中介变量，这个中介变量决定着人们最后的行为，是人们难以观察到的内部思维过程，即认知过程[65]。基于此，我国学者张积家[66]等也提出用"认知"代替心理学中的"认识"一词。认知心理学是研究员工安全行为的基础理论，只有清楚知道员工在生产过程中的心理变化过程才能探究安全行为的决策机理。根据关于认知的相关定义，可以将认知过程进行相应描述，如图2.6所示。

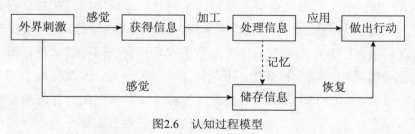

图2.6 认知过程模型

Ajzen和Fishbein[67]提出了基于认知的理性行为理论(Theory of Reasoned Action，TRA)，并指出个人对事物的认知通过影响个人态度或意愿从而影响其行为。理性行为模型如图2.7所示。

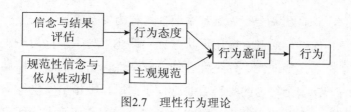

图2.7 理性行为理论

理性行为理论认为个人的行为在某种程度上受其行为意向的影响，而行为意向又由行为态度和主观规范控制，行为态度是人们对某一行为结果或信念重要程度的估计，主观规范是个人对某种事项应该如何做的判断以及是否会与他人保持一致的动机水平。理性行为理论认为个体的行为可以由个体自由控制，但周围环境和其认知水平又对其行为意愿产生影响。之后，Ajzen发现个体的行为并不是完全由其自愿，而是处在其他因素控制之下，进而提出了包含影响行为意愿第三个因素的计划行为理论(Theory of Planned Behavior，TPB)：感知行为控制，它主要反映个体过去的经验和预期行为的阻碍，预期阻碍越少，个体对行为的控制能力越强，其效果与理性计划行为理论越近。计划行为理论模型如图2.8所示。

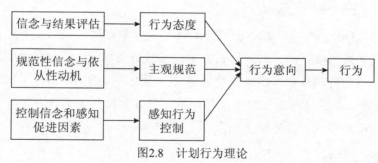

图2.8 计划行为理论

理性行为理论和计划行为理论都认为行为意愿和行为是基于人们对事故的感知水平，而感知水平在某种程度上也就是心理学上的认知。了解认知心理学对于人们提高安全认知、激励安全行为和控制不安全行为具有重要作用。

💡 2.2 文献综述

谭波和吴超[68]对2000—2010年间国内外安全行为学方面的研究进展进行了文献分析，指出安全行为学的应用领域已经非常广泛，包括矿山、建筑业、石油化工等17个行业，并且从安全行为学基本原理、行为安全管理、安全行为评价以及安全行为学与其他学科的结合应用现状进行了评述。与生产行为相比，安全行为具有以下几个特点：辅助性、伴生性、动机复杂性、责任的边界模糊性和事后追责性[69]。梁丽[70]在安全行为的学科层面进行了探讨，她指出安全行为科学是运用科学的方法对人与安全的问题进行研究，发现人在生产环境中的行为规律，从安全角度分析、预测、控制人的行为的学科，安全行为科学的研究范围是人在生产环境中的安全行为规律(包括个体安全行为、群体安全行为、领导安全行为及组织安全行为等)，进而达到改变人们行为、提高安全管理水平的目的。就安全行为的种类而言，不同的分类标准具有不同的安全行为种类[71]：根据行为主体可以将其分为领导者安全行为、管理者安全行为和员工安全行为；根据行为环境可以将其分为个体安全行为、群体安全行为和组织安全行为；根据行为手段可以将其分为安全操作行为和安全管理行为。本书重点从个体安全行为层面分别以管理者和员工为主体阐述二者安全行为的研究现状，主要对国内外与建筑业、矿山领域相关的安全行为方面的文献进行评述。

2.2.1　国外研究现状

本书通过Google学术、Ebsco和Proquest等文献数据库以篇名、关键词和主题三种搜索方式对"safety behavior"进行了检索，进而对博士论文和学术期刊中发表的高质量的与建筑企业、煤矿企业等与安全行为相关的文献进行了筛选，最终选出128篇文献。通过对文献的梳理与分析，可以对国外关于管理者行为和员工安全行为的研究现状有较好的认识。

1. 管理者行为

Mattila等[72]通过对施工现场管理者和一线工长的调查，结合工地的事故分析，指出有效的工长往往在监督工人绩效方面花费较多时间，给予工人关于工作结果较多的反馈，与工人在与工作无关的方面也有较多的沟通和交流。Ray和Bishop[73]提出了单纯依靠培训并不能有效改善员工的安全行为，而要结合一些组织因素，如组织环境、积极的管理态度、将安全作为管理和监督的一个职能等，并指出管理和监督在达到工作场所安全目标时起关键作用。Simard和Marchand[74]将组织因素分为微观和宏观两部分，微观因素如工作过程和危害的测量、团队凝聚力和合作、监督者的经验和管理方式等对工作团队采取安全行为影响较为重要，而宏观因素如高层管理者承诺、公司社会经济特征等对微观因素有重要影响。Krause[75]指出管理者和监督者在企业实行基于行为的安全活动中具有重要作用，因为他们掌握着对新员工培训的工具以及其他投入等。Wiegman和Shappell[76]提出了针对人的不安全行为的人为因素分析和分类系统(Human Factors Analysis and Classification System，HFACS)，指出管理组织缺失和不安全领导行为是人的不安全行为的根本原因，其中管理组织缺失表现为管理过程漏洞、管理文化缺失和资源管理不到位，不安全领导行为包括监督不充分、运行计划不恰当、没有发现并纠正问题、违规监督。Vredenburgh[77]为发现不同类型的管理措施对降低员工安全伤害的影响规律，以62家医院为样本，对6种常用的管理措施：管理承诺(management commitment)、奖励(rewards)、沟通和反馈(communication and feedback)、选择(selection)、培训(training)和参与(participation)进行了分析，结果指出采取积极措施(即问题一旦发现就解决)的医院往往具有较低的伤害率，并指出了在招聘新员工时培训的重要性。Zohar[78]指出领导行为对工作组的轻伤率具有影响作用，通过对42个工作组的实证分析，指出变革型(transformational)和建设型(constructive)的领导行为对轻伤率有直接作用，而纠正型(corrective)的领导行为对轻伤率没有直接作用，且领导行为对安全轻伤率的影响受到安全氛围的中介作用。其进一步验证了领导干预对工人安全行为和组织绩效的有利作用，即通过对一线管理者和部门管理者就安全问题采取每周的访谈与反馈，提高组织对安全问题的重视与处理能力[79]。Baring[80]等也验证了变革型领导行为通过安全氛围、安全动机对职业安全的影响。Neal和Griffin[81]指出，管理者对安全的支持活动会有助于工人形成积极的心理环境，进而提供工人对安全的期望，并刺激工人做出安全行为。Zacharatos[82]等指出具有高绩效工作系统的组织往往具有较高水平的员工安全动机、安全知识、安全遵守行为，且对管理的信任和感知安全氛围起到中介作用。Clarke和Ward[83]分析了领导者角色对员工安全参与的影响，指出变革型领导方式对员工安全参与具有显著的关系，而安全咨询起到部分中介作用，鼓舞策略起到完全中介作用。Michael等[84]指出生产主管对生产运营的运行具有重要的作用，因为其充当的角色就是领导者，在领导成员交换(leader-member exchange)理论的基础上，通过实证分析得出了管理者与员工的关系比安全沟通对员工安全行为的影响更为显著。Kath等[85]利用优势分析的方法(dominance analysis)进一步分析了领导成员交换、安全氛围等对安全沟通的影响，指出对向上安全沟通(upward safety communication)影响较大的因素依次为感知到的管理对安全的态度(perceived management attitudes toward safety)、工作要求对安全的干扰(job demands interfering with safety)和领导成员交换(leader-member exchange)。Conchie和Donald[86]利用分层回归的方法证实了领导者和员工之间的安全信任在变革型领导方式和安全公民行为之间起到了正向的调节作用。Kines等[87]指出领导者就安全问题经常(每天几次)与工人进行口头交流对提高工人的安全水平具有显著的积极作用。Lu和Yang[88]将安全领导行为分为三个维度，分别是安全动机(safety motivation)、安全政策(safety policy)和安全关注(safety concern)，并通过实证分析得出了安全动机和安全关注对员工安全参与和安全遵守的积极作用，而安全政策对员工安全参与有积极的影响。Dejoy等[89]借鉴了社会交换理论(social exchange theory)的思想，指出当管理者对安全支持作出承诺时，员工会付出更大的努力去遵从安全工作的措施和其他安全相关的建议，并通过实证分析验证了支持性的安全政策和方案(supportive safety policies and programs)对安全氛围和组织承诺的积极作用。Törner[90]对企业安全绩效提升机制进行了深入分析，指出领导行为会促进员工间的互相合作和交流，会为管理者和员工之间的相互作用提供支持，相互作用会促进互相信任和工作氛围，反过来，信任又会促进交流和相互作用，进而促进员工的安全行为。

Kapp[91]将一线主管的领导方式分为权变奖励领导(contingent reward leadership)和变革型领导(transformation leadership)两类，将员工安全行为分为安全遵守(safety compliance)和安全参与(safety participation)，指出两种领导方式对员工的两种安全行为均具有正相关作用，但积极的团队安全氛围对领导方式与员工的安全遵守行为起到调节作用。Ismail[92]从管理因素(management factor)、人的因素(persona factor)、人力资源管理/激励因素(human resource management/incentive factor)和关系因素(relationship factor)等四个方面对影响施工现场安全管理制度实施的因素进行了分析，指出人的因素最为重要，主要体现为人的意识和沟通对安全管理制度实施的影响。Conchie[93]等分析了影响管理者安全领导行为(supervisors' safety leadership behaviors)的因素：角色超载、生产要求、正式程序和劳动力特征会阻碍管理者的安全领导行为，而来自组织和同事的支持、自主感会促进管理者的安全领导行为。

Cheng等[94]列举了15个常用的安全管理实践，通过对香港的施工企业调查发现从业人员最为重视安全管理过程(safety management process)，其次为安全管理信息(safety management information)和安全管理委员会(safety management committees)，并重点强调了安全管理委员会对安全绩效的重要作用和一般施工企业在此方面表现的不足。Fernández-Muñiz等[95]运用西班牙企业的数据实证分析了安全领导对安全行为的影响，并指出积极的风险管理和变革型领导对员工安全行为的积极作用。Yeow和Goomas[96]提出了基于结果和行为的安全激励项目，通过分层激励和同事监督的方式改善员工的安全行为。Mattson等[97]也证实了员工奖金制度(staff bonus system)对安全行为具有积极作用。Shin等[98]利用系统动力学理论分析了安全激励和安全沟通的提升等政策对安全行为的有效影响。

鉴于高级管理者安全承诺在组织安全中的重要影响，Fruhen等[99]对高级管理者安全承诺的前因要素进行了分析，指出高级管理者解决问题(problem-solving)的能力和感知他人(perceive others)的能力。Hardison等[100]对施工现场管理者的能力进行了识别，通过德尔菲法确认了现场管理者几项重要的能力，分别是：工作前计划能力(pre-job planning)、组织工作流程能力(organizing work flow)、建立有效的沟通(establishing effective communication)、日常或非日常工作任务的知识(knowledge of routine or non-routine work tasks)。

2. 员工安全行为

国外学者专门对员工安全行为的研究始于20世纪70年代，主要体现在将行为分析(behavior analysis)的方法应用在企业或员工的安全方面。Komaki等[25]较早地提出了利用行为分析的方法提高生产企业的安全绩效，并指出对员工行为的定义以及频繁的反馈是最有效的手段。Ray等[101]通过两组实验对比证实了只有培训不足以改善员工行为，而有了反馈之后才能真正对员工起到作用。Chhokar和Wallin[102]利用应用行为分析的方法对一个工业企业员工的关键行为进行了识别，其中包括培训、目标设定和反馈等，为企业安全的测量和评估提供了有益借鉴。Sulzer-Azaroff[103]提出了行为矫正(behavior modification)是改善工作场所安全和健康的有力工具，其具有客观性、测量精确性和实验规范性，通过综合利用有效的反馈、刺激控制和惩罚将复杂的工作技能和难以改变的习惯分解成影响安全绩效的各个小部分，然后逐渐进行改进。DeJoy[104]提出员工在工作场所的自我保护行为可以分为四个阶段——风险评估、决策、响应和保持，并分析了对待威胁的信念、响应能力、自我效能、设备状态和安全氛围对每个阶段的影响程度。Marchand等[105]指出以往对工人安全行为的测量主要是侧重于员工遵守安全规则，而员工对于提高安全环境水平的行动也应当作为员工的安全行为，他称之为安全主动行为(safety initiatives)，从而指出员工安全行为包含谨慎(carefulness)和主动(initiatives)两个维度。Reason等[106]从"是否有心理奖励的行为""违反和遵从行为""正确和不正确的行动"和"规则好坏"四个方面将与规则有关的行为分为10种：过失(mistake)、正确的临时行为(correct improvisation)、正确但未受到心理奖励的违反行为(correct but unrewarding violation)、正确的违反行为(correct violation)、错误的遵守(mispliance= mistake + compliance)、不正确但受到心理奖励的遵守行为(incorrect but rewarding compliance)、错误的规避(misventions = mistake + circumvention)、不正确但心理奖励的违反行为(incorrect but rewarding violation)、正确但没有奖励的遵守(correct but unrewarding compliance)、正确的遵守(correct compliance)等，并指出了各类行为的影响因素。Lingard和Rowlinson[107]将行为安全管理方法应用到香港的施工企业中，将安全行为分为：家务管理(housekeeping，是指储存和堆放材料的安全以及对明确路径的维护)，高处通道(access to heights)，脚手架工程(bamboo scaffolding)，个人保护设备(personal protective equipment)，并通过目标设定和绩效反馈提高企业的安全绩效。Krause[108]将高危行为的来源分为四类，按顺序划分依次为：设施和设备(基础因素)、知识和培训、意识、动机，通过分析三种不同类型的安全激励模型对上述因素以及安全行为的影响指出基于行为的激励模型(behavior-based safety)与行为矫正激励模型(behavior modification)和传统激励模型(traditional safety incentive program)相比，在改善安全行为方面表现更好，前者对四个因素改善均有影响，且采取同行观察和反馈的方法使员工及时、持续地提高安全行为，而后两者仅对意识和动机因素有影响，并在持续激励方面表现不足。Geller和Clarke[109]针对自我导向型的安全行为(self-directed safety behavior)，提出了七种自我管理的干预策略(self-management intervention strategies)：针对目标行为管理前期环境因素和状况、开发并使用自我评价鼓励期望的行为、使用心理意向激励目标行为、自我奖励支持目标行为、设置目标改善行为、自我承诺以及获得同事的支持等，这些措施仅适用于自我导向型的行为，而对于他人导向的行为需要管理者或专业人员进行帮助。Hafmann等[110]在组织公民行为(organizational citizenship behavior)的基础上提出了安全公民行为(safety citizenship behavior)，并从与安全相关的帮助

(helping)、声音(voice)、管理工作(stewardship)、告密(whistleblowing)、公民道德(civic verture/keeping informed)以及安全相关的创新(initiating safety-related change)等方面对安全公民行为进行了细分。Neal等[111]从工作绩效的角度提出了安全绩效的内涵，由遵守(compliance)和参与(participation)构成，安全遵守包括对安全规程的遵守和以安全的方式工作，安全参与包括帮助同事、努力提高工作场所的安全等积极性的行动。Williams和Geller[112]指出员工提升自身行为和绩效不仅依据对自身水平的评价，还来自对同行的比较和同行的压力等，并证实了利用社会比较反馈(social comparison feedback)的方法提高员工安全行为的显著性。Walker和Hutton[113]应用心理契约(psychological contract)理论分析了管理者和工人在安全方面的心理契约，通过分析两个主体间的心理契约能够更有效地分析组织和个体在安全工作方面的动机和行为，从而为提高安全绩效提供新的思路。Parboteeah和Kapp[114]从伦理道德角度分析了仁慈的氛围(benevolent-local climate)对员工安全遵守和安全参与有显著正向影响，而自我主义(egoist climate)对二者并没有显著的影响。Choudhry和Fang[115]对香港的遭遇伤害事故的施工工人进行了半结构化的访谈，利用扎根理论对获取的数据进行了分析，总结出导致工人做出不安全行为的因素主要包括：安全意识缺乏、充当"硬汉"、工作压力、同事的态度，以及其他的组织经济和心理因素；其进一步指出了管理、安全规程、心理和经济因素、自大、经验、绩效压力和教育培训等因素的重要性。Leung等[116]对施工工人受到的压力进行了进一步分析，将其分为身体压力(physical stress)和心理压力(psychological stress)，其中身体压力受到工作确定性、同事支持和安全设备的影响，心理压力受到管理者支持和工作确定性的影响。

Fugas等[117]从社会规范(social norms)角度分析了影响员工安全行为的因素，将员工安全行为分为遵守行为(compliance safety behaviors)和积极安全行为(proactive safety behavior)，指出同事的描述性规范对积极安全行为有显著影响，管理者的命令性规范对二者的关系起到了调节作用，其次分析了认知和社会机制对组织安全氛围和员工安全行为之间关系的调节作用，结果表明同事的描述性规范和态度对组织安全氛围和积极安全行为之间的关系起到调节作用，监督者的强制安全规范和感知行为控制对组织安全氛围和遵守安全行为之间的关系起到调节作用[118]。Clarke[119]将员工安全行为分为安全遵守(safety compliance)和安全参与(safety participation)，利用元分析(meta-analysis)的方法分析了挑战(challenge)和障碍(hindrance)两类职业压力因素(occupational stressors)对员工安全行为和安全结果(occupational injuries and near-misses)的影响，指出障碍因素对安全行为和安全结果具有显著的负相关作用，而挑战因素对遵守行为和职业伤害没有关系，与安全参与有较小的负相关关系，与失误有较小的正相关关系。

2.2.2　国内研究现状

本书通过中国知网以篇名、关键词和主题三种搜索方式对"安全行为"进行了检索，进而对博士论文和中国核心期刊中发表的高质量的与建筑企业、煤矿企业等行业个体安全行为相关的文献进行了筛选，最终选出了93篇文献，通过对文献的梳理与分析，可以对国内关于管理者和员工安全行为的研究现状有较好的认识。

1. 管理者行为

笼统地说，管理者行为是企业管理者为达到生产目的而进行的一系列活动。管理者包括企业的高层管理者、中层管理者和基层管理者。管理者的行为属于个体行为，是管理者在管理过程中的个体行为。由于"管理"与"领导"的区别[8]，管理者行为与领导者行为也有所不同，管理者可能是领导者，领导者也可能是管理者，一般来说，管理者的范围大于领导者。张舒[71]将矿山企业管理者的安全行为划分为五个维度进行了实证分析，分别是：安全培训、安全管理承诺、安全激励、安全政策和安全沟通与反馈。林汉川等[120]通过理论分析得出应当通过政府安全管制的手段与煤矿企业的管理者谈判以激励其在安全投入、安全培训等方面发挥积极作用。曹庆仁[121]指出管理者与员工在不安全行为控制的认识上存在差异，如员工倾向于通过工作环境设置、沟通与奖励两个方面改善自身的不安全行为，而管理者倾向于通过安全教育与培训、群体与组织行为两个方面对员工不安全行为进行控制，这种差异会影响管理者在安全管理方面进行科学的决策。曹庆仁等[122]进一步实证分析了管理者行为对矿工安全行为的影响，将管理者行为分为设计行为(管理者通过设计手段，制定各种与安全行为相关的规范、计划、方案和制度等，如安全规范、安全管理制度等)和管理行为(管理者通过实际行动直接影响和控制矿工的行为，是管理者遵从设计行为的结果，如安全监督、沟通交流等)；将矿工安全行为分为安全服从行为(员工严格遵守规章制度，按照安全规范进行工作)和安全参与行为(帮助工作伙伴、提升工作主动性和安全性的行为)。吴浩捷[123]将建筑业企业的管理层次分为战略管理者层次(CEO领导下的高层管理团队)、战术管理者层次(项目管理者领导下的项目管理团队)和操作管理层次(项目一线的班组长和工长),并指出作为操作管理层次的班组长和工长对员工影响最为直接,主要行为包括班组长对员工的安全培训和安全提醒、安全纠正和组织安全行为等。刘素霞等[124]以企业为主体,将组织安全行为分为安全培训行为、安全管理行为和安全预防行为三个维度,并实证分析了其通过员工安全行为对企业安全绩效的作用机理。牛莉霞等[125]借鉴自我决定理论(Self-Determination Theory,SDT)研究了不同领导风格对员工安全行为的影响,并指出变革型领导(德行垂范、个性化关怀、领袖魅力和愿景激励)和交易型领导(权变式奖励和例外管理)两类领导风格对不同安全行为的影响关系。王丹等[126]也分析了威权领导对员工安全服从有正向作用,但对安全参与有负向作用。

2. 员工安全行为

对员工安全行为的研究主要有三个方面:一是对安全行为内涵以及行为模式的研究;二是对安全行为影响因素的研究;三是对提升安全行为水平对策的建议。本书对员工安全行为的研究阐述也将围绕这三个方面展开。

潘奋[127]指出人的安全行为是人体对外在刺激的安全性反应,通过人各种各样的动作(姿势、行动、抓握、表情等)达到预定的安全目标,人的安全行为具有目的性、差异性、可塑性以及计划性等特点;在人的安全行为影响因素方面,他指出人的安全行为受到人的心理因素、社会心理因素以及人的安全意识的影响,其中人的心理因素包括人的情绪、气质、性格等会受到后天教育、培训以及环境和物的状态的影响;社会心理因素包括社会知觉(个人、人际、自我)、价值观、角色以及社会舆论、风格等;人的安全意识包括人的感觉和知觉、记忆和思维、情感和情绪等;在提升安全行为水平方面,他提出从内部激励和外部激励两方面入手,分别从提高个体安全意识、素质、能力等内部要素进行激励和从鼓励、奖励等外部要素提升个体的积极性和主动性。李志宪和杨漫红[128]从文化的角度分析了安全文化对人的安全行为的影响模式,安全文化包括安全物质文化(生产资料、生活资料、生活设施、生产设备等)、安全制度文化(政治制度、文化制度、法律制度、生产制度等)、安全精神文化(价值观、信念、社会知觉等)、安全行为文化(领导安全行为、职工安全行为、家庭安全行为等)，提出通过这些安全文化来塑造员工的安全行为，防范不安全行为的发生。张锦朋等[129]从四个方面阐释了航海人员的不安全行为，分别是人脑的信息处理过程、自身生理和心理素质、外界环境和管理因素，并从生理素质、心理素质、受教育与培训情况、个人安全意识(态度)、资历和经验、业务能力六个方面构建了其安全行为的评价指标体系，为及时评判员工的安全行为水平提供了理论支持。张吉广和张伶[130]将员工的安全行为分为安全处理(设备检查、安全整改与评估)和安全执行(安全组织执行、安全措施)两个维度，并实证分析了安全氛围(安全管理、安全认知和安全态度)对安全行为的影响关系。李乃文和马跃[131]以矿工为例，指出影响其不安全行为的因素有很多，包括心理水平、生理状况、知识技能、作业环境以及管理措施等，塑造矿工的安全行为习惯可以依从文本化、流程再造、制度化、物化和习惯化五个阶段。殷文韬等[132]指出管理者的重视程度、安全投入程度和安全监管能力是影响员工安全行为的重要因素。吴建金等[133]将员工安全行为分为员工自我安全保护和遵守安全规程两个维度，并实证分析了公司高层关注、项目经理承诺、项目安全环境和项目安全监管对员工安全行为的影响关系。居婕等[134]指出影响建筑工人不安全行为的管理因素主要包括安全计划、安全制度、安全监管和安全培训等。陈雨峰等[135]利用计划行为理论(Theory of Planned Behavior，TPB)实证分析了中小企业新生代进城务工人员安全行为的影响因素，按影响大小排序依次为安全态度、示范性规范、主管规范、知觉行为控制。栗继祖和陈新国[136]提出了依据煤矿员工的心理特点预测员工安全绩效、进行行为评价以及制定安全管理制度和事故防控措施等。田水承等[137]从员工诚信角度分析了矿工态度诚信和能力诚信对员工安全参与行为和安全服从行为的显著影响关系。李书全等[138]也指出施工人员的安全意识、安全态度及其之间的信任和企业管理措施是影响员工安全行为的关键因素。胡艳和许白龙[139]将工人安全行为分为自我保护和遵守安全规程两个维度，并实证分析了工作不安全感越低、工作生活质量感知越低，对其安全行为影响越大。潘成林等[140]借鉴杜邦安全训练观察计划系统(Safety Training Observation Program，STOP)和行为安全管理理论(Behavior-Based Safety，BBS)通过观察模型、跟踪沟通、行为模型等构建了非煤矿山的安全行为与诱因模型，指出安全文化和安全管理体系是分别导致组织行为的直接原因和根本原因，员工的安全知识、意识等导致的员工习惯性行为是个人行为的间接原因，而不安全动作的产生是个人行为的直接原因。袁朋伟等[141]对地铁运营的检修人员安全行为进行了研究，将其安全行为分为基于技能的安全行为、基于规则的安全行为和基于知识的安全行为三个维度，并实证分析了个体风险知觉、安全态度对安全行为的影响关系。牛莉霞等[125]按照员工行为的来源将安全行为分为安全任务行为(遵守安全规章制度、参与安全生产活动的工作行为)和安全公民行为(在角色外自愿维护安全生产活动工作场所的行为)，并分析了安全领导对其的影响关系。

2.2.3　文献评述

自20世纪70年代以来，国内外理论界和实务界均对高危企业中管理者和员工安全行为的相关内容进行了深入广泛的研究，研究成果主要体现在以下三个方面。

1. 对安全行为内涵和测度的研究

在安全行为内涵方面，主要指最初行为学家运用行为学的相关理论发展出了安全行为的相关理论，如BBS理论的提出与应用，安全行为与不安全行为的识别与界定等。在安全行为测度方面，又分为对管理者安全行为的测度和对员工安全行为的测度两方面。对员工安全行为的测度，国内外学者应用比较广泛的分类为以Neal和Griffin[81]为代表的员工安全遵守行为和员工安全参与行为，此外对员工安全行为的分类也有学者提出了积极安全行为、安全公民行为等概念，但在具体包含内容方面没有较大差异。对管理者行为的测度，国内外学者并没有达成较为一致的分类，根据管理学相关理论以及领导理论的内容，学者们分别从管理角度和领导角度对管理者行为进行了较为广泛的分析。然而，施工项目的管理者往往兼具普通管理者和领导者双重角色，因此对管理者行为的研究不能将管理角色和领导角色分裂开来。因此，对我国施工项目管理者行为的定义与测度仍有待进一步研究。

2. 对安全行为前因要素和后果要素的研究

自20世纪40年代Heinrich[1]提出员工不安全行为是导致事故发生的重要因素以来，工人行为(包括安全行为和不安全行为)状态日益得到了人们的重视。对安全行为而言，既包括安全行为对组织安全绩效的影响，也包括影响安全行为的重要因素，即安全行为的后果要素和前因要素。这些研究为提高企业安全管理水平，提高企业安全绩效提供了实践依据，也为安全行为理论的丰富奠定了理论基础。

3. 从多个角度对管理者和员工安全行为进行了研究

对安全行为的研究，经历了从最初运用行为学分析的方法到后来结合管理学、心理学、社会学、经济学、生理学等学科相关理论的过程，尤其是在员工安全行为前因要素分析方面，包括管理学中的安全管理制度、领导方式、沟通与协调等内容，心理学中的工作压力、安全认知等内容，社会学中的人际交往、社会规范等内容，经济学中的安全投入以及生理学中的个体特质等。依据不同理论对安全行为展开分析是安全行为理论快速发展的重要基础，也为本书以及安全行为理论在实践中的应用提供了理论支持。

综上所述，虽然对于管理者和员工安全行为已取得了大量研究成果，但由于地域环境、经济背景以及行业特点的不同，有很多已有理论或观点都有待进一步分析和验证。本书将研究对象界定于中国建筑施工项目管理者和施工工人的安全行为，其一方面具有与其他生产制造行业不同的特点，另一方面具有与国外建筑施工企业不同的经济和社会背景，因而管理者行为对施工工人安全行为影响关系的研究有待进一步分析讨论，并且由于社会资本理论在安全行为领域的应用研究还比较少，社会资本对施工项目中管理者和员工安全行为的作用还有待进一步检验。基于此，本书提出了基于社会资本视角的施工项目管理者行为对施工工人安全行为的影响关系研究。

第3章 建筑施工企业施工人员安全行为影响因素分析

由于我国施工企业一线施工人员大多没有受过正规教育，安全意识和安全技能较为缺乏，再加上现代社会处于高速发展、人们生活压力较大的阶段，很多施工人员虽然知道工作的危险性，但仍会做出不安全行为。目前人们渐渐关注到施工人员安全行为的重要性，如何保证施工人员持续做出安全行为是避免安全事故发生的关键所在。本章正是基于这样的背景，提出了施工人员安全行为影响因素的研究。

3.1　施工人员安全行为决策概念模型构建

通过对安全行为相关文献和基础理论的分析，本章构建了施工人员安全行为决策概念模型，如图3.1所示。

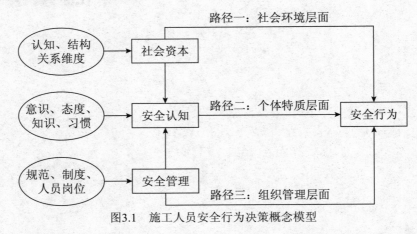

图3.1　施工人员安全行为决策概念模型

由图3.1可知，本章构建的施工人员安全行为决策概念模型涵盖了社会、组织和个体三个层面对安全行为决策的影响过程，分述如下。

路径一：社会环境层面

依据北川彻三事故因果连锁理论和社会资本理论建立路径一的安全行为决策

过程。员工安全行为的影响因素不能仅停留于企业内部和员工个人，社会、教育等环境也对员工的安全行为有一定的影响。社会资本理论认为，个人在社会网络中拥有的资源会影响其行为决策，安全行为决策也不例外。为具体表现社会环境因素对员工个人的影响，本章以员工个人社会资本为研究对象，探讨二者之间的关系。

路径二：个体特质层面

基于瑟利事故模型和认知心理学理论建立路径二的安全行为决策过程。瑟利事故模型从认知角度分析了安全事故的发生机理，指出事故的发生与否涉及员工的感觉、认识和行为响应三个阶段，研究安全行为不能脱离认知心理层面，员工的认知心理过程是员工能否决定做出安全行为的决定性因素。

路径三：组织管理层面

基于博德和亚当斯的事故因果连锁理论建立路径三的安全行为决策过程。现代企业管理在员工安全行为决策方面的影响日益重要，由领导决策失误和现场管理失误造成的员工不安全行为也时有发生，良好的组织安全管理在激励员工(尤其是安全认知水平较低的员工)做出安全行为和避免不安全行为方面具有重要作用。

综上所述，施工人员安全行为决策模型从社会环境、个体特质和组织管理三个方面描述了施工人员安全行为决策的过程，社会资本和组织管理除直接影响施工人员安全行为决策外，还通过影响施工人员安全认知间接影响员工安全行为决策。另外，本章所指施工人员安全行为是指员工在进行生产建设过程中主观上的遵守安全规范，即一切有意和无意的不安全行为均不能作为安全行为处理。

💡 3.2　安全行为影响因素体系建立

根据上文构建的概念模型和相关理论分析可知，施工人员安全行为影响因素包括社会环境、组织管理和个体特质等众多方面，为探究其对安全行为的影响以便更好地指导实践，有必要对各方面包含的要素进行深入细致的分析。下面通过对此三方面构成要素的分析建立安全行为影响因素的测量体系。

3.2.1　社会资本层面

关于社会资本构成要素的测量，根据研究对象和研究目的的不同有所区别，因此有企业社会资本和个人社会资本之分，企业社会资本又有内部社会资本和外部社会资本之分，本章研究员工社会资本即个人角度的社会资本测量问题。赵延东和罗家德[142]在对社会资本测量综述中指出，个人社会资本的测量多采用社会网络分析法，对个人在网络中的社会资源进行测量。边燕杰[50]也将社会网络中的规模、顶端、差异等作为测量个人社会资本的指标。本章借鉴Nahapiet 和 Ghoshal[143]关于社会资本测量的经典分类方法，即将社会资本分为结构维度、关系维度和认知维度，结构维度是指个体或群体的中心性或联系强度，Burt[54]在其《结构洞》一书中详细论述了网络结构对个人的重要作用，之后学者们提出利用网络凝聚力和网络范围评价个体的结构洞的强度。网络凝聚力是指群体内员工之间的亲密程度和联系强度，网络范围员工之间相互联系涉及的不同组织部门，网络凝聚力强说明员工之间联系的次数和质量相对比较高，员工之间信息和知识的交流比较充分。在施工企业中，各施工阶段专业性比较强，如果没有良好的交流和沟通很容易产生安全隐患，如果网络范围比较大，不同部门员工的联系交流也可以为企业营造良好的安全文化和安全氛围创造条件。关系维度是指员工之间的信任和感情等。信任可以分为一般信任和特殊信任，前者是指基于所处环境中的道德、规范等产生的对他人行为信任的预期，尤其是在陌生人或不熟悉的人之间产生，特殊信任是基于亲情或血缘关系的信任[144]。罗家德等[145]指出，一般信任对认知层面产生的影响比较大。在施工企业中，由于施工工人的流动性比较大，大部分员工之间并不十分熟悉，而他们之间能否短期内形成对对方工作或行为的信任对其做出安全行为有重要的影响。此外员工之间的相互感情也是影响其安全行为的重要因素。认知维度是指群体或个体间价值观和知识水平，主要包括员工之间价值观的差异和与组织的共同愿景之间的差异，社会资本层面的认知维度不同于安全认知，它主要是指个体与个体或组织价值观的差异，如个体是否将组织的安全生产作为自己的目标，是否为实现这一目标而努力等，员工社会资本认知维度会促使员工主动避免不安全行为，为达到与组织目标相一致而努力。

因此，本章在社会资本测量方面将其分为结构维度、认知维度和关系维度三个方面。其中，结构维度包括员工之间的熟悉程度和交流强度等；认知维度包括员工对企业共同愿景的认可程度，对工作重点的一致性程度等；关系维度包括员工之间的信任程度，以及是否会互相帮助等。

3.2.2　安全认知层面

依据认知心理学理论，员工对安全的认知水平直接影响其做出的行为是否符合安全规范。如上文所述，认知与认识不同，认识是个体对某事物的了解、熟悉，强调对外界的客观再现；而认知是人行为背后的心理决策过程，包括感觉、信息处理、应用等阶段。本章以员工的安全意识、知识存量、安全态度等变量代表员工的安全认知水平[146]，具有强烈安全意识的员工对周围事物的不安全性具有强烈的感觉认知，也能尽可能地避免自己做出不安全行为。知识存量是员工进行安全信息处理的基础，员工具有充分的安全知识是保障其不发生认知失误的必要条件。安全态度是员工对安全的价值评断和行为倾向，它是认知的最终阶段，直接影响安全行为或不安全行为的出现。此外，员工的反应能力也是认知过程的一部分，即当危险来临时，是否能够迅速利用已有知识作出行为决策，这是认知的恢复与应用过程。

因此，在安全认知测量方面将其分为安全意识、安全知识和安全态度三个方面：安全意识包括员工在工作时的警惕性以及对危险环节的意识等；安全知识包括安全技能以及发现和及时处理安全隐患的能力；安全态度包括安全投入程度以及处理压力的能力等。

3.2.3　组织管理层面

组织管理对员工安全行为具有一定的影响已经得到了人们的证实，Wu等[147]认为安全管理中的安全培训、安全控制和安全关怀是影响员工安全行为的重要因素，Cacciabue[148]也从组织管理角度分析了组织机构、安全政策和规范等因素对员工安全行为决策的影响。根据Akson和Hadicusumo[149]关于安全管理的分类，安全管理一方面包括项目经理等领导层对安全环境和规程的制定实施等，另一方面包括日常安全管理人员行使日常的安全监督和安全作业指挥等，我国学者曹庆仁也从管理者行为角度分析了其对矿工不安全行为的影响。组织安全管理尤其对一些安全认知水平较差、社会资本匮乏的个体起到关键的作用，它一方面通过安全规范、制度或监督提高员工的安全认知水平，另一方面也直接保证员工能够做出安全行为，避免不安全行为的出现。另外，组织的人员岗位管理也是影响员工安全行为的重要因素，是否保证人岗匹配、施工人员持证上岗等都是影响安全行为的重要管理因素。

本章将组织管理分为制度管理和现场管理两个方面：制度管理包括企业是否具有完善的安全培训制度、事故预防措施等规范性管理的措施；现场管理主要包括安检人员的安全检查、现场事故应对等现场安全管理。

综上所述，根据对员工安全行为影响因素三个层次的分析，构建影响因素体系，如表3.1所示。

表3.1　安全行为影响因素体系

决策变量	一级指标	二级指标	三级指标
员工安全行为	社会资本	结构维度	员工之间相互熟悉
			员工之间经常交流问题和意见
			部门内经常举行聚餐、联谊等非正式活动
		认知维度	员工为本企业发展目标而努力
			为自己是组织一员而自豪
			对工作重点有一致意见
		关系维度	与其他员工之间相互信任
			与其他员工相互帮助
			与领导之间相互信任
	安全认知	安全意识	工作中保持高度的警惕性
			清楚施工现场的危险部位和节点
		安全知识	根据经验能及时发现施工中潜在的风险
			能及时消除隐患
			具备完成工作需要的技能和知识
			发生突发事故时能够冷静处理
		安全态度	不把工作以外的情绪带到工作中来
			正确对待工作中的压力
			即使没有人监督也会按规范进行操作
			以最佳的状态投入工作
	组织管理	制度管理	具有完善的安全培训制度
			危险事故防范的宣传到位
			有完善的事故预防措施
			人员绩效考核制度健全
		现场管理	安检人员定期进行安全检查
			不存在一人多岗或多头领导问题等
			具有健全的安全操作规范
			有完善的事故应对措施

💡 3.3　数据采集与描述

3.3.1　问卷设计

为进行安全行为决策模型构建及实证分析，本章利用里克特量表设计原则在上述影响因素体系的基础上设计了调查问卷。最终问卷的设计主要通过以下三种途径进行。

1. 文献分析

文章最初通过对相关文献的分析进行了影响因素的梳理和各指标测量题项的设计，对国内外关于员工安全行为或不安全行为研究的相关文献进行了总结分析，并分别就社会资本、安全认知和组织安全管理三个方面的已有文献进行了查找分析，整理出相关变量和指标的测量题项。

2. 专题研讨

通过课题组专题研讨的形式对第1步产生的相关题项进行讨论，课题组成员由多年研究安全问题的教授、博士研究生和具有多年施工经验的工程师组成，由他们对最初问卷中不合理的题项进行删减，并结合实践工作对已经过时的或不符合我国施工现状的题项进行修改，进一步完善问卷内容和质量。

3. 市场调研

为保证问卷的合理性和易读性，将完善后的问卷进行了小范围的市场预调研，由于施工项目中大部分员工的知识水平不高，所以语言的合理性至关重要，通过此步骤，进一步修改了相关题项的描述，增强问卷的易读性，为提高问卷的回收质量奠定基础。

通过以上三个步骤形成了最终问卷，问卷共包含三部分内容。第一部分为项目的基本信息，如项目类型、结构类型、项目的工期等，这部分内容为了解被调查项目的复杂程度和安全状况提供基本信息。第二部分内容为问卷主体内容，主要包括社会资本、安全认知和组织安全管理和员工安全规范遵守四部分测量内容，此部分内容帮助作者了解项目内员工的社会资本、安全认知和组织安全管理的水平以及员工的安全行为状况，是实证分析的关键部分。第三部分为被调查对象的个人基本信息，通过本部分内容帮助作者在进行结果分析时结合员工个人情况分析。问卷的题项采取5级里克特量表形式，对每个问题采取5级测度，由"非常不同意"到"非常同意"分别设定为1～5分，分值越高，说明被调查者越符合题项的内容。

3.3.2　问卷的发放与回收

本次问卷共发放350份，回收330份，通过对问卷数据一致性和逻辑性的筛选，共得出有效问卷316份。问卷发放形式主要有纸质版发放和网上电子版发放两种途径，分别占68%和32%。问卷的有效回收率为95.76%。

3.3.3　数据的描述性统计

对问卷数据的描述性统计如下所述。

1. 项目类型分析

本次调查的项目类型包括民用建筑项目、工业建筑项目、市政公用项目和其他项目等，所占比例分别为60.13%、16.77%、13.61%、9.49%，如表3.2所示。其中民用建筑项目所占比例最大，其次是工业建筑项目，在工程实践中民用项目和工业建筑项目也是施工人员多，发生安全事故较多的项目，因此所调查的项目类型能够较好地涵盖员工的安全行为状况。

表3.2　样本项目类型特征分析

项目类型	频数	百分比(%)	累积百分比(%)
民用建筑项目	190	60.13	60.13
工业建筑项目	53	16.77	76.90
市政公用项目	43	13.61	90.51
其他	30	9.49	100.00
合计	316	100.00	

2. 项目结构分析

项目结构类型中框架结构所占比例最大为67.41%，钢结构和砖混结构分别占到了13.61%和11.08%，如表3.3所示。项目结构类型基本涵盖了目前常用的项目结构，且由于民用建筑项目居多，也在另一层面反映了民用建筑项目目前以框架结构类型居多。

表3.3 样本项目结构类型分析

结构类型	频数	百分比(%)	累积百分比(%)
砖混	35	11.08	11.08
框架	213	67.41	78.49
钢结构	43	13.61	92.10
其他	25	7.91	100.00
合计	316	100.00	

3. 项目所在地

调查样本所在地涵盖了国内13个建筑业较发达的省市,尤其是河北、天津、北京、山东等地占到了样本总数的70%(如表3.4所示),其经济发展比较快、建筑业比较发达,对与建筑企业员工安全问题的表现具有一定的代表性。

表3.4 样本项目所在地区特征分布

地区	频数	百分比(%)	累积百分比(%)
河北省	84	26.58	26.58
天津市	75	23.73	50.31
山东省	43	13.61	63.92
北京市	23	7.28	71.20
上海市	12	3.80	75.00
广东省	11	3.48	78.48
山西省	9	2.85	81.33
辽宁省	6	1.90	83.23
内蒙古	7	2.22	85.45
云南省	6	1.90	87.35
湖南省	8	2.53	89.88
陕西省	7	2.22	92.10
广西壮族自治区	25	7.91	100.00
合计	316	100.00	

4. 项目所在企业类型

所调查建筑项目中属于国有企业的占75.95%，其次是民营企业21.84%(如表3.5所示)，由此可见，在施工行业中国有企业的比重占到绝大多数，这与我国现实情况相符，能够在一定程度上代表我国现实的建筑企业分布情况。

表3.5 项目所在企业类型

企业类型	频数	百分比(%)	累积百分比(%)
国有企业	240	75.95	75.95
民营企业	69	21.84	97.79
中外合资企业	5	1.58	99.37
其他	2	0.63	100.00
合计	316	100.00	

5. 被调查者年龄

被调查者年龄多处在40岁以下，占到了78.48%，其中31～40岁的员工所占比例最大，为47.47%，如表3.6所示。这与建筑施工企业的工作强度和工作经验要求相符。年龄在31～40岁的员工正值壮年，精力比较充沛，经验比较丰富，是建筑施工企业最佳人选。

表3.6 被调查者年龄特征分布

年龄	频数	百分比(%)	累积百分比(%)
18～30岁	98	31.01	31.01
31～40岁	150	47.47	78.48
41～50岁	48	15.19	93.67
50岁以上	20	6.33	100.00
合计	316	100.00	

6. 被调查者受教育情况

被调查者受教育程度大多集中在高中和大专层次，分别占到28.16%和39.24%，其次是本科层次占到17.72%，具体如表3.7所示。

表3.7 被调查者受教育情况

受教育程度	频数	百分比(%)	累积百分比(%)
初中及以下	25	7.91	7.91
高中	89	28.16	36.07
大专	124	39.24	75.31
本科	56	17.72	93.03
研究生	22	6.96	100.00
合计	316	100.0	

7. 被调查者职务情况

被调查者的职务多属于专业技术人员，占到总数的55.38%，这对于从一线员工自身角度获取关于其安全行为的影响程度具有重要作用，其次是基层管理者即项目经理层次，占到23.10%，其作为基层管理者对于员工安全行为具有更清晰的认识。具体如表3.8所示。

表3.8 被调查者职务情况分析

职务	频数	百分比(%)	累积百分比(%)
高层管理者	17	5.38	5.38
中层管理者(公司)	51	16.14	21.52
基层管理者(项目部)	73	23.10	44.62
专业技术人员(安全员等)	175	55.38	100.00
合计	316	100.00	

8. 被调查者工作年限

施工企业员工的工作年限对其个人的安全意识和安全技能的高低有着较大的影响，不同工作年限的员工对组织认同、安全认知等都有所不同，如表3.9所示，被调查者的从业年限中15年以下的员工分布比较均匀，5年以下、6~10年和11~15年的员工分别占26.9%、24.37%和21.20%，15年以上的员工占总数的27.73%，这与施工企业员工的现实情况比较相符，被调查者能够在一定程度上代表当下的建筑施工企业员工情况。

表3.9　被调查者工作年限分析

职务	频数	百分比(%)	累积百分比(%)
5年以下	85	26.90	26.90
6～10年	77	24.37	51.27
11～15年	67	21.20	72.47
16～25年	59	18.67	91.14
25年以上	28	8.86	100.00
合计	316	100.00	

综上所述，通过对样本数据的描述性统计，分析了所调查项目的类型、结构类型，项目所在地分布情况，项目企业的性质以及被调查者的相关信息，通过分析可知调查的样本在一定程度上具有代表性，能够较好地反映现阶段我国施工企业员工的安全行为状况，为下文数据分析打下基础。

3.3.4　样本数据信度和效度检验

利用问卷调查方式获取研究数据时还应对问卷的信度和效度情况进行分析[150]。信度分析是指问卷内部的一致性、可靠性与稳定性。目前应用比较广泛的衡量信度的指标是Cronbach's Alpha系数。系数越大，说明问卷的信度越好，问卷数据的一致性和可靠性越好；系数越小，说明问卷的信度较差，就不能用作之后的数据分析。一般Cronbach's Alpha系数的标准如表3.10所示。

表3.10　Cronbach's Alpha系数的判定标准

Cronbach's Alpha系数	0.65以下	[0.65,0.70]	[0.70,0.80]	0.80以上
衡量标准	不能接受	可以接受	比较好	非常好

本章利用SPSS19.0计算得出问卷的信度系数如表3.11所示，结果为0.913，大于0.80，说明问卷具有较好的信度。

表3.11　Cronbach's Alpha信度系数

Cronbach's Alpha	项数
0.913	28

效度检验是对问卷数据对测量题项的准确性或者有效性的检验，效度检验可分为内容效度和结构效度，内容效度是对变量所对应题项的表达程度和测量范围

的适当性，一般采取专家评审和实地调研的方式修正相关题项，以提高问卷的内容效度。本章在上述问卷设计方面严格遵循了文献分析、专家评审和实地调研的步骤，应该说具有较好的内容效度。结构效度是指测量变量在问卷中体现的理论结构和特质的程度，一般采用Kaiser-Meyer-Olkin(KMO)系数和Bartlett球形度检验作为测量指标，KMO值的判定标准如表3.12所示。

表3.12　KMO值判定标准

KMO值	0.5以下	[0.5，0.6]	[0.6，0.7]	[0.7，0.8]	[0.8，0.9]	0.9以上
判定标准	不能接受	很差	差	一般	好	非常好

KMO值的计算方法同样利用SPSS19.0进行计算，计算出的结果如表3.13所示，其中KMO值为0.902大于0.9，Bartlett球形度检验Sig.=0.000<0.005，说明问卷具有较好的结构信度。

表3.13　KMO和Bartlett系数

取样足够度的 Kaiser-Meyer-Olkin 度量		0.902
Bartlett 的球形度检验	近似卡方	3900.151
	df	378
	Sig.	0.000

通过对问卷的信度和效度分析，说明问卷具有较好的稳定性和有效性，为下文的数据分析奠定了统计意义上的基础。

💡 3.4　关键影响因素确定——基于遗传算法优化计算的建模自变量降维

人们在建模过程中为保证不遗漏对模型有用的变量，往往在最初选择自变量时会尽可能地考虑各方面的因素，而这样确定的自变量难免会有意义相同或相近的变量，因而也会形成大量的冗余变量，这些自变量造成的多重相关性会大大降低模型的精度和有效性。因此需要对构建的高维自变量体系进行降维处理，删除包含相同信息的自变量，以消除变量间的相关性，为提高之后模型构建的精度和有效性奠定基础。

3.4.1　自变量降维概述

由于降维的重要性，在变量降维方面也产生了多种方法，如Nguyen和Rocke[151]提出的偏最小二乘法降维与主成分分析法降维相比，有计算量小、速度快的优点。王慧文等[152]提出了主基底降维方法，并指出其能在使原始信息损失最小的情况下保留关键信息。陈全润和杨翠红[153]提出了"类逐步回归"的降维方法。近年来，人工智能的发展为人们提供了新的自变量降维的思路——基于遗传算法的自变量降维，被逐渐应用到各个领域[154]，并取得了良好的效果。遗传算法优化神经网络后能够改进神经网络收敛速度慢和易陷入局部极小的缺点，又能较好地解决一些非线性问题，这是之前的降维方法不具有的功能。由于本章研究的员工安全行为影响因素众多，且在现实生活中并非简单的线性关系，因此采用遗传算法进行自变量的降维，以便能够较好地适应非线性问题并能消除变量间的多重相关性。

3.4.2　遗传算法优化计算的原理

1. 遗传算法基本概念

遗传算法是在生物进化论的基础上产生的。1967年，遗传算法的概念由Bagley首次提出，并发展了复制、交叉、变异、显性、倒位等遗传算子。1975年，Holland教授利用遗传算法的思想对自然和人工自适应系统进行研究并提出了遗传算法的基本定理——模式定理，后经De Jong、Goldberg、Davis的总结与应用，逐渐成为一种应用广泛的优化技术[155]。遗传算法的基本操作是人们熟知的三大算子：选择、交叉和变异。选择又称复制，是根据优胜劣汰的原则对群体中生命力强的个体进行选择并产生新群体的过程，选择的依据是个体的适应度值大小，适应度大的个体被选择的概率较大，适应度小的个体被选择的概率较小。选择操作有效地避免了有用遗传信息的丢失，能够提高全局收敛性和计算效率，常用的选择算子有轮盘赌选择、随机竞争选择、最佳保留选择等。交叉又称重组，是根据生物遗传中染色体交叉配对的原则从群体中选择个体进行两两配对，交换两个个体的某些部位，从而产生新的个体。常用的交叉算子有单点交叉、两点交叉和均匀交叉等。变异是根据生物学基因突变的原则对个体中某个位值进行改变，产生新个体的过程，变异操作能够保证种群的多样性，防止出现早熟现象。

2. 自变量降维的原理

利用遗传算法优化计算进行自变量降维的原理为：每一个染色体(或称之为个体)视为问题的一个解，将每个解映射到编码空间，使其对应于每个编码，编码的长度为自变量的个数，利用二进制编码，即染色体每个基因的取值为"1"或"0"。如果染色体的基因位为"1"，说明该位置对应的自变量为筛选出的关键变量，参与之后模型的构建；如果为"0"，说明该位置对应的自变量不作为关键变量参与之后模型的构建。经过反复迭代计算，最终筛选出关键变量。

3. 设计步骤

借鉴史峰等[156]的思想，基于遗传算法优化计算的步骤，如图3.2所示，主要包括以下几部分。

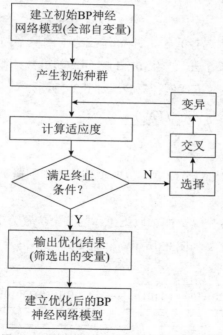

图3.2　遗传算法优化计算自变量降维过程

(1) 建立初始BP神经网络模型

为比较遗传算法优化前后模型的精度，首先建立所有自变量参与建模的BP

神经网络，与之后遗传算法优化计算后筛选出的变量建模的精度作对比。

(2) 产生初始种群

随机产生N个初始个体构成初始种群，每个个体的长度由初始自变量的个数决定，且数值为0或1。以这N个初始个体构成的初始种群开始进行遗传算法的迭代计算。

(3) 计算适应度

适应度函数为测试集数据误差平方和的倒数，如式(3-1)所示。

$$f(X) = \frac{1}{SE} = \frac{1}{sse(\hat{T} - T)} = \frac{1}{\sum_{i=1}^{n}(\hat{t_i} - t_i)^2} \tag{3-1}$$

其中，$\hat{T} = \hat{t_1}, \hat{t_2}, \cdots, \hat{t_n}$，为测试集的预测值；$T = t_1, t_2, \cdots, t_n$，为测试集的真实值；$n$为测试集的样本个数。在计算个体适应度时，为避免神经网络初始权值和阈值的随机性产生干扰，均利用遗传算法对其权值和阈值进行优化。

(4) 选择操作

选择算子采用比例选择算子，即个体被选中的概率与个体的适应度值成正比。采用轮盘赌的选择方法，产生(0，1)之间的随机数，概率大的个体被选择的次数也比较多。个体适应度比例计算公式如式3-2所示。

$$p_k = \frac{f(X_k)}{\sum_{k=1}^{N} f(X_k)} \qquad k = 1, 2, \cdots, n \tag{3-2}$$

其中，p_k为个体的相对适应度，也即个体被选中的概率。

(5) 交叉操作

交叉操作采取单点交叉，即选取染色体的某个位置为交叉点进行两两交叉，产生新的个体，单点交叉如图3.3所示。

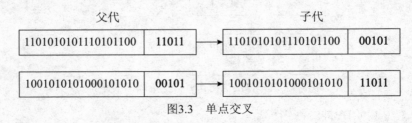

图3.3　单点交叉

交叉位置的选择采取算术交叉算子，利用给定的交叉概率进行交叉，计算公式如式(3-3)所示。

$$c_1 = p_1 \times a + p_2 \times (1-a) ; \quad c_2 = p_1 \times (1-a) + p_2 \times a \qquad (3-3)$$

其中，p_1, p_2 为交叉配对的个体，c_1, c_2 为配对后产生的新个体，a 为交叉概率。

(6) 变异操作

变异操作选用单点变异操作，即随机产生变异点进行变异，将变异点的"1"变为"0"，或将"0"变为"1"。

(7) 输出优化结果

经过迭代计算后，输出满足终止条件的最优个体，即筛选出的关键自变量组合。

(8) 建立优化后的BP神经网络模型

建立遗传算法优化后的BP神经网络模型进行预测，与第1步建立的BP神经网络对比，从而进行分析。

3.4.3 关键影响因素确定

根据上述分析和建模步骤，基于本章获取的调查数据，对本章建立的员工安全行为影响因素变量进行自变量降维。

本章构建的影响因素个数为27个，首先建立所有自变量的BP神经网络，然后利用遗传算法进行优化计算，建立优化后的BP神经网络，利用Matlab2012a进行训练，筛选前后的模型预测结果和筛选出的关键变量分别阐述如下。

1. 遗传算法优化计算模型建立

利用遗传算法GOAT工具箱完成遗传算法的优化，在模型建立前需要指出的是GOAT工具箱的两个主函数，分别为种群初始化函数initializega()和遗传优化函数ga()。

种群初始化函数Initializega()的调用格式为

pop=initializega(populationSize,variableBounds,evalFN,evalOps,options)

其中等式左边pop为函数的输出，代表随机生成的初始种群。等式右边为输入参数，populationSize为种群大小(即种群中个体的数目)，variableBounds为变量的边界，evalFN为适应度函数的名称，evalOps为传递给适应度的参数，options

为精度及编码方式，0为二进制编码，1为浮点编码。通过调用此函数，生成初始种群。

遗传优化函数ga()的调用格式为

[x,endPop,bPop,traceInfo]=ga(bounds,evalFN,evalOps,startPop,opts,termFN,termOps,selectFN,selectOps,xOverFNs,xOverOps,mutFNs,mutOps)

ga()函数包括了遗传算法选择、交叉、变异的操作，其中等式左边为输出参数，变量解释如下：

x为最优解(即求得的最优个体)，endPop为优化终止时的最终种群，bPop为最优种群的进化轨迹，traceInfo为每一代的最优和平均适应度函数值矩阵。

等式右边为输入参数。

Bounds为变量上下边界的矩阵，evalFN和evalOps与上述函数一样分别为适应度函数和适应度函数参数；startPop为上述函数产生的初始种群；opts为精度、编码形式及输出，默认值为$[10^{-6}\ 1\ 0]$，表示精度为10^{-6}，采用浮点数编码形式，运行中不显示输出；termFN为终止函数的名称，默认值为[MAXgenterm]；termOps为终止函数的参数，默认为gen，即最大迭代次数；selectFN和selectOps分别为选择函数名称和选择函数的参数，默认值为0.08；xOverFNs和xOverOps分别为交叉函数的名称和交叉函数的参数，默认为Simple xOver；mutFNs和mutOps为变异函数名称和变异函数的参数，默认为boundaryMutaton。

根据上述分析和步骤，首先建立输入变量包含27个自变量的BP神经网络，根据Kolmogarav定理设计隐含层数目为$2n+1$，n为输入层变量的个数，隐含层变量个数为55，BP神经网络的输出结果和输出误差分别如图3.4和图3.5所示。然后利用遗传算法优化计算进行变量选择。利用遗传算法对自变量进行优化筛选时，染色体长度为自变量的个数，设为27，种群大小设为20，最大进化代数设为100。经过遗传算法优化计算后，筛选出的自变量代号为[1 2 4 7 8 10 17 19 20 21 22 24 27]。适应度函数曲线如图3.6所示。

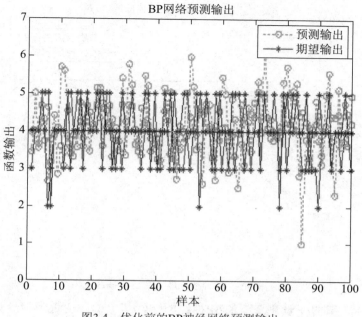

图3.4 优化前的BP神经网络预测输出

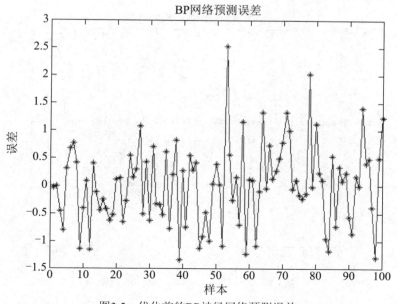

图3.5 优化前的BP神经网络预测误差

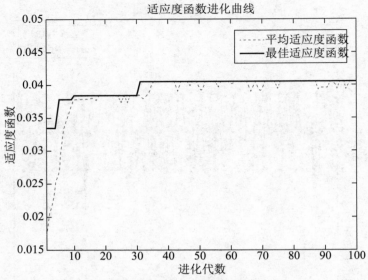

图3.6　种群适应度函数进化曲线

　　根据筛选出的变量建立新的BP神经网络，其中输入变量为筛选后的关键变量共13个，隐含层个数为27，输出变量仍为员工安全行为状况，优化后的BP神经网络预测输出结果和误差分别如图3.7和图3.8所示。

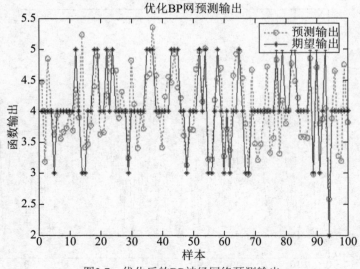

图3.7　优化后的BP神经网络预测输出

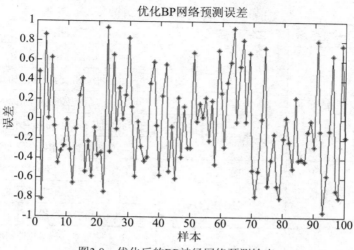

图3.8　优化后的BP神经网络预测输出

2. 结果分析

对比优化前后的模型输出结果可知，优化前的BP神经网络预测误差较大，预测误差在[-1.5，2.5]，且奇异值较多；优化后的BP神经网络预测误差较小，都处在[-1，1]之间，因此可以推断出经过遗传算法优化计算后进行的自变量降维对提高模型的精度有一定的作用。因此，在下文进行影响程度分析时将使用筛选后的变量作为安全行为决策的输入变量。

3. 筛选出的关键变量分析

模型输出的变量代号为[1　2　4　7　8　10　17　19　20　21　22　24　27]，共13个变量，相比原始变量减少了一半，降低了变量间的相关性，提高了模型预测的精度。这些变量对应的含义分别为员工之间相互熟悉、员工经常对问题交换意见和想法、员工为本企业发展目标实现而努力、员工之间相互信任、员工之间相互帮助、在工作时保持较高的警惕性、正确处理工作中的压力、以最佳的状态投入工作、具有完善的安全培训制度、危险事故防范宣传工作到位，有完善的安全事故预防措施、安检人员定期进行安全检查、安全操作规范健全。以最初建立的影响因素体系为基础，筛选出的关键变量的性质分类情况如表3.14所示。

表3.14　关键变量的分类情况

决策变量	一级指标	二级指标	三级指标
员工安全行为	社会资本	结构维度	员工之间相互熟悉
			员工之间经常交流问题和意见
		认知维度	员工为本企业发展目标而努力
		关系维度	与其他员工之间相互信任
			与其他员工相互帮助
	安全认知	安全意识	工作中保持高度的警惕性
		安全态度	正确对待工作中的压力
			以最佳的状态投入工作
	组织管理	制度管理	具有完善的安全培训制度
			危险事故防范的宣传到位
			有完善的事故预防措施
		现场管理	安检人员定期进行安全检查
			具有健全的安全操作规范

　　由表3.14可知，社会资本结构维度中筛除了员工经常聚餐等变量，其原因是此变量表现出的情况与员工之间相互熟悉或员工经常交流问题相关性较大。员工经常聚餐在一定程度上展现了员工之间相互熟悉的情况，且与安全行为的影响并不太相关，而是相互熟悉或经常交流问题和意见更能影响员工的安全行为决策。认知维度筛除了员工自豪感和对工作重点一致性认识的变量，而留下了共同愿景这一变量。员工为本企业发展目标而努力，一般意义上说明了员工与企业在安全生产目标上具有一致的意见，而员工自豪感和对工作重点一致性认识并没有体现出与安全行为太大的相关性。关系维度筛除了与领导之间相互信任的变量，一方面原因可能是与领导之间相互信任的变量并没有被大多数员工意识到，而是与管理层存在的单纯的领导与被领导的关系，另一方面原因是员工与领导之间相互信任在某种程度上是共同愿景的一个表现，只有员工信任领导的行为，才会为本企业发展目标作出努力，其与认知维度在深层含义上具有一定的相关性。安全认知层面留下了安全意识和安全态度的相关变量，而删除了安全知识变量，但这并不代表安全知识对员工安全行为不重要，而是在此安全行为影响变量体系中存在某些变量与安全知识变量相关性比较大，如组织管理层次安全培训制度的完善，在

一定程度上预示着员工安全知识的丰富，而安全意识和安全态度则是员工自身层面的因素，与管理层次相关但又独立于管理层次，在进行安全行为决策时应引起重视，员工在工作中保持高度的警惕性和以最佳的状态投入工作是其在工作中及时发现并消除危险的必要条件。最后在组织管理层面，筛选出的关键变量大多是事故预防与风险规避方面，如风险宣传到位、事故预防措施、安全规范完善等都被认为是安全行为的关键影响因素。

基于遗传算法的自变量降维在一定程度上表明了影响员工安全行为的关键因素，而筛除了自相关性或与安全行为不太相关的变量，筛选出的关键因素与安全行为更深层次的影响关系将在下文作进一步的研究。

💡 3.5　施工人员安全行为影响因素影响程度分析

3.5.1　MIV方法介绍

Dombi等人在研究神经网络权重时提出MIV(Mean Impact Value)值是衡量变量相关的最好指标之一。本章在研究安全行为影响因素与员工安全行为相关性的同时，为进一步探究各关键要素对安全行为的影响程度，利用支持向量结合MIV算法进行各因素的影响程度分析，为之后的实践和研究提供一定的基础。

MIV首先应用在神经网络中，用来评价神经网络中权重矩阵的变化情况，在本章中MIV作为评价各因素对安全行为影响的程度大小指标，即评价输入神经元对输出神经元的影响大小的一个指标。其绝对值代表某自变量对因变量的影响的相对重要性，符号代表两者之间的相关方向。具体计算过程为：在网络训练终止后，将训练样本S中每一自变量特征在其原值的基础上分别增加和减少10%，从而形成两个新样本S1和S2，将样本S1和S2作为新的样本对已训练好的网络进行仿真，得到两个仿真结果A1和A2，计算A1和A2的差值，就是变动该自变量之后对因变量的影响变化值，最后根据观测例数计算影响变化值的平均数作为网络输出，即为平均影响变化值(MIV)。按照以上步骤依次计算各自变量的MIV值，根据其绝对值大小进行排序，最终得到影响因素的相对重要性的排序，从而为结果分析提供一定的理论基础。基于BP和SVM的变量影响程度分析流程图如图3.9所示。

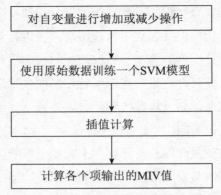

图3.9 基于BP和SVM的变量影响程度分析流程

3.5.2 基于BP和SVM的变量影响程度分析

根据以上分析思路构建基于13个关键影响因素的SVM和BP神经网络模型，以316个样本进行训练，其中BP神经网络的拓扑结构如图3.10所示，为包含13个输入变量、27个隐含层节点数和1个输入层变量的模型。模型在迭代1014次时达到精度要求，为0.009 957。对于基于SVM的MIV值计算，引用上述建立SVM预测模型时的结论，设立交叉验证系数为5，经过粗略寻找和精细寻找后的最佳参数为c=48.50，g=0.003 9，最低均方误差MSE=0.006 7，两个模型输出的各因素归一化后的MIV值如表3.15和3.16所示。

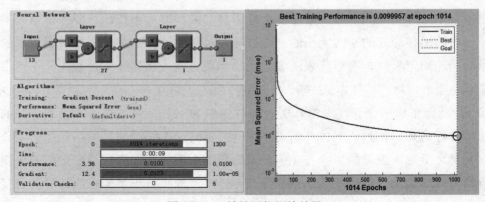

图3.10 BP神经网络训练结果

表3.15 BP神经网络输出MIV值及排序

影响因素	MIV值	排序	影响因素	MIV值	排序
员工之间相互熟悉	0.048	9	以最佳的状态投入工作	0.055	8
员工之间经常交流问题和意见	0.060	7	具有完善的安全培训制度	0.196	1
员工为本企业发展目标而努力	0.013	13	危险事故防范的宣传到位	0.038	10
与其他员工之间相互信任	0.096	5	有完善的事故预防措施	0.098	4
与其他员工相互帮助	0.016	12	安检人员定期进行安全检查	0.124	3
工作中保持高度的警惕性	0.077	6	具有健全的安全操作规范	0.143	2
正确对待工作中的压力	0.024	11	——		

表3.16 SVM输出MIV值及排序

影响因素	MIV值	排序	影响因素	MIV值	排序
员工之间相互熟悉	0.030	11	以最佳的状态投入工作	0.066	5
员工之间经常交流问题和意见	0.056	6	具有完善的安全培训制度	0.053	7
员工为本企业发展目标而努力	0.044	10	危险事故防范的宣传到位	0.044	9
与其他员工之间相互信任	0.314	1	有完善的事故预防措施	0.104	3
与其他员工相互帮助	0.030	12	安检人员定期进行安全检查	0.047	8
工作中保持高度的警惕性	0.072	4	具有健全的安全操作规范	0.119	2
正确对待工作中的压力	0.021	13	——		

根据表3.15和表3.16对比分析两种方法得出各影响因素排序结果，如表3.17所示。

表3.17 基于BP和SVM的MIV值对比分析

排序	BP+MIV	SVM+MIV
1	具有完善的安全培训制度	与其他员工之间相互信任
2	具有健全的安全操作规范	具有健全的安全操作规范
3	安检人员定期进行安全检查	有完善的事故预防措施
4	有完善的事故预防措施	工作中保持高度的警惕性
5	与其他员工之间相互信任	以最佳的状态投入工作
6	工作中保持高度的警惕性	员工之间经常交流问题和意见
7	员工之间经常交流问题和意见	具有完善的安全培训制度
8	以最佳的状态投入工作	安检人员定期进行安全检查
9	员工之间相互熟悉	危险事故防范的宣传到位
10	危险事故防范的宣传到位	员工为本企业发展目标而努力

(续表)

排序	BP+MIV	SVM+MIV
11	正确对待工作中的压力	员工之间相互熟悉
12	与其他员工相互帮助	与其他员工相互帮助
13	员工为本企业发展目标而努力	正确对待工作中的压力

由表3.17可知，基于BP神经网络和SVM两种方法计算出的MIV值输出结果由小到大排序不太相同，说明运用分析方法的不同得出的结果具有一定的差异性。排序结果只是说明因素之间的相对重要性，排序靠后的并不代表其对员工安全行为决策不重要。在影响因素对员工安全行为影响程度分析时选用的13个影响因素均是在上文筛选出的关键影响因素，因此并不能根据本节重要性排序忽视排序靠后的变量，而只是对施工企业在考虑影响因素方面提供一定的参考依据。

此外，两种方法计算出的结果虽有一定的差异，但也有一定的规律可循，如两种方法得到的排序在前五位的影响因素中，有三个是相同的，分别是与其他员工相互信任、具有健全的安全操作规范和有完善的事故预防措施。员工之间的相互信任为施工过程中各项工作的顺利进行奠定了基础，只有相互之间信任对方的言语、行为，才会更有效地避免不安全行为。健全的安全操作规范用于指导员工针对各项工作如何安全有效进行，是引导员工进行安全行为的直接手段。完善的事故预防措施，如配备安全帽和设备防护装置等，对员工形成安全行为习惯具有促进作用。此外，企业具有完善的安全培训制度和员工具有高度的警惕性等都对员工安全行为决策具有相对重要的作用。而相互熟悉、共同愿景等指标对于员工安全行为的形成相对次要，但也不能忽视其应有的作用。

根据本章研究结果和相关理论，针对如何促进员工安全行为，避免不安全行为提出以下建议。

1. 安全监管部门应针对员工建立建筑行业安全问题交流沟通机制，提高员工安全认知

研究指出，项目内员工之间相互熟悉或有着畅通的交流沟通有助于减少不安全行为的产生，员工之间经常就安全问题包括潜在的安全隐患和已发生的安全事故进行交流，能够提高员工的安全认知，也在一定程度上提高了其在安全层面的社会资本。而大部分员工处于社会基层，往往没有能力搜集各种安全信息，因

此，安全监管部门应发挥其能动作用，鼓励以企业为单位定期组织员工之间进行安全经验的沟通交流，就安全问题相互交流学习。

2. 施工企业应加强安全事故的预防管理，引导员工安全行为

施工企业的安全事故预防计划、安全操作规范以及安全风险宣传等工作的到位与否对员工安全行为有着重要的引导作用，施工企业应将安全预防工作作为企业的一种文化，使其得到员工的普遍认同并共同遵守，以预防事故发生为重点，引导员工在工作中保持较高的警惕性，尽量减少不安全行为的产生。

3. 员工应努力提高自身的社会资本、安全认知等，自觉减少不安全行为的倾向

施工企业员工在行为作出方面具有强烈的能动性，虽然安全管理能够在一定程度上对员工起到约束的作用，但由于其不良习惯或者安全意识、安全知识的缺乏而自觉不自觉地做出了不安全行为。因此，从根本上杜绝不安全行为的产生还应从员工自身入手，员工应主动提高自身社会资本，加强与他人之间就安全问题的交流，努力培养自身的安全知识，从而提高安全认知，尽量避免不安全行为的产生，倘若发生安全事故也能够及时作出处理，减少对自身的损害。

第4章 组织安全行为对施工人员安全行为的影响研究

本章主要在考虑社会资本关系维度的基础上，从组织管理角度分析组织安全行为对施工人员安全行为的影响关系，主要研究以下两个问题：一是不同维度的组织安全行为对施工人员不同维度安全行为水平的影响关系；二是社会资本关系维度对上述影响关系的调节作用。

💡 4.1　概述

近年来，学者们也从多方面研究了导致员工不安全行为产生的因素：个体层面包括个体特质方面[157]和认知心理方面[158]；组织层面包括安全管理方面[159]、安全投入方面[160]、组织氛围[161]和组织文化[162]等方面。这些研究对提高施工人员的安全行为水平、降低事故发生具有一定的理论指导作用，尤其是可通过组织安全管理、安全投入以及提升组织的安全氛围或文化提升员工安全行为水平。然而由于建筑施工行业具有较大的分权性和流动性，施工组织在强调安全宣传和安全规范遵守时缺少员工的有效参与，导致很多安全管理制度和投入都流于形式，未能在安全施工方面产生应有的效果[58]。

社会资本理论认为，个体之间充分的信任、良好的沟通等对促进团队合作、提高工作效率具有重要作用。有学者开始将社会资本应用到提高现代社会活动的安全性方面：Rao[61]提出了一个事故分析管理模型，通过追踪安全社会资本、网络关系和关键责任人来分析事故的原因，整合导致事故的动机来源和失败的组织控制。Wood等[62]分析了建筑环境、社会资本和社区居民安全感的关系。与其他社会经济活动相同，建筑施工活动中存在着各种复杂的网络，如技术咨询网络、订单管理网络和人际关系网络[163]，这些正式与非正式的网络对于增强项目管理团队计划、管理各项资源与任务的能力，提高项目绩效有重要的作用[164]。Koh和Rowlinson[59]指出在施工安全管理中以往只强调安全规范的遵从并未很好地起到降低事故的作用，而社会资本强调组织的适应性和合作，并促进了个体的参与，从而提高了安全行为和安全绩效水平。

　　上述认知大多是基于案例分析或理论分析的角度提出社会资本的重要作用，而社会资本对组织行为和个体行为的作用机理仍需进一步探索。本章基于社会资本理论，提出社会资本理论的关系维度对组织安全行为和个体安全行为之间关系的调节作用，通过对施工人员的调查访问收集相关数据，对三者之间的关系进行实证分析。研究结果一方面从理论上证实社会资本关系维度的作用过程，另一方面为施工企业提高组织行为的执行力和效率提供理论支持。

💡 4.2　理论基础与研究假设

4.2.1　组织安全行为与员工安全行为的关系

　　从组织角度研究员工不安全行为的致因因素主要包括安全管理、安全投入、安全文化和安全氛围等四个方面。根据相关文献的阐述，上述四个方面在内容上存在一定的交叉却不完全相同：安全管理是管理者通过配置资源、实施组织政策，为达到安全目标发挥领导能力的管理过程[159]，强调的是管理者发挥管理职能，如安全规范制定与实施、管理者支持与承诺、日常安全管理等；安全投入是指管理者为保证施工安全所做的一切投入，包括在安全培训、安全设备和安全管理人员等方面所做的投入[165]，强调的是为保证具体施工活动安全所做的资源投入；安全文化和安全氛围是指组织或个体对组织的规范、程序等拥有的态度、信念或价值观等，往往被视为组织的安全状态，是安全结果的一种测度[166]。Jacobs和Haber[167]从组织过程角度指出了影响施工安全的五个维度：文化、沟通、决策、管理知识和人力资源管理。Jitwasinkul和Hadikusumo[168]在此基础上将组织因素进一步划分为沟通、安全文化、授权、管理承诺、领导力、组织学习和奖励系统，并分析了其对安全行为的影响机理。此外，还有学者提出基于行为安全管理理论建立安全管理系统，并利用案例分析了其对减少不安全行为的重要作用[169]。

　　对于员工安全行为，本章借鉴Neal等的研究[170]将个体安全行为分为安全遵守(safety compliance)和安全参与(safety participation)两个方面：安全遵守是指个体为维持工作场所的安全必须执行的关键活动，如遵守安全规范、穿戴安全保护设备；安全参与是指不会对个体安全产生影响而会对提升工作环境安全提供支持的活动，如参加安全会议、自主参与提升工作场所安全的活动。

综上所述，本章将组织的安全行为分为组织安全管理和安全投入两个方面，它们对于提高员工的安全遵守和安全参与具有促进作用，故提出如下假设。

H1a：组织的安全管理行为对员工安全遵守行为具有显著的正向作用；

H1b：组织的安全管理行为对员工安全参与行为具有显著的正向作用；

H1c：组织的安全投入行为对员工安全遵守行为具有显著的正向作用；

H1d：组织的安全投入行为对员工安全参与行为具有显著的正向作用。

4.2.2　关系维度的调节作用

社会资本的概念最早由Luory于1977年提出，他将社会资本看作与物质资本、人力资本相对应的一种社会资源，这种资源存在于家庭关系与社区等社会组织中并对经济活动产生影响[32]。此后，以Bourdieu、Coleman和Putnam为代表，分别从个体、集体和社会角度对社会资本的概念进行了阐述。Bourdieu[33]指出，社会资本是与某种持久关系网络紧密结合的实际或潜在的资源集合体，这种关系网络得到大家的一致认可，并且每个个体都拥有取得网络中资源的权利。Coleman[35]站在集体的角度指出社会资本具有资源的互惠性和收益的共享性而会促进集体目标的达成。Putnam[37]进一步指出了社会资本是社会组织的某种特征，如网络、规范及社会信任，社会组织利用社会资本促进合作并实现社会效益，并验证了社会资本对民主发展的作用。

社会资本在建筑安全领域中的应用还比较少，此外，有的学者虽然未明确指出社会资本的概念，但其研究正说明了社会资本对员工安全行为的重要作用：Griffen[171]指出了领导者的支持和参与会提高员工的满意度，进而提高员工工作行为与组织目标的一致性。Vijayalakshmi和Bhattacharyya[172]研究了情绪感染对员工行为的重要作用，并指出管理者是控制情绪转移的重要角色。

借鉴关于社会资本的测度，包括结构维度、认知维度和关系维度[143]，本章重点分析关系维度对组织安全行为与员工安全行为之间影响关系的促进作用，即员工与组织管理者之间如果存在良好的沟通、信任，组织的安全管理和安全投入会对员工安全遵守和安全参与起到更好的效果，故提出以下假设。

H2a：员工与管理者之间社会资本的关系维度对组织安全管理与员工安全遵守之间的关系具有显著的调节作用；

H2b：员工与管理者之间社会资本的关系维度对组织的安全管理与员工安全参与之间的关系具有显著的调节作用；

H2c：员工与管理者之间社会资本的关系维度对组织的安全投入与员工安全遵守之间的关系具有显著的调节作用；

H2d：员工与管理者之间社会资本的关系维度对组织的安全投入与员工安全参与之间的关系具有显著的调节作用。

💡 4.3 研究方法

4.3.1 样本选取

本章样本选择及数据获取同第3章。

4.3.2 变量测量

本研究涉及组织安全行为、员工安全行为和社会资本关系维度3个变量的测量，在上述理论分析和相关文献分析的基础上，结合对施工现场管理者和工人的调查访问，形成最终量表，包含18个测量项目，采用5级里克特量表评分方法，得分越高，说明各变量表现的程度越好。量表的测量项目和结果如表4.1所示。其中，量表信度采用SPSS19.0计算各潜变量测量项目的内部一致性，利用Cronbach's Alpha系数表示，效度采用Amos17.0计算各测量模型的因子负载和模型拟合程度。

表4.1 测量项目和结果

变量	项目	信度	负载
安全管理	安检人员定期进行安全检查	0.63	0.69
	危险事故防范的宣传工作很到位		0.77
	岗位安全操作规程很健全		0.56
安全投入	定期进行安全培训	0.74	0.88
	劳动保护设备充分		0.82
	各岗位设置合理、人员分工明确		0.62

（续表）

变量	项目	信度	负载
安全遵守	您在工作时总是使用所有必需的安全设施设备	0.70	0.82
安全遵守	您在工作时总是按照正确的安全规程操作	0.70	0.68
安全参与	您总是自愿参加安全教育活动	0.63	0.72
安全参与	您经常提出安全方面的建议	0.63	0.82
关系维度	您与其他员工经常针对工作问题交换意见和想法	0.74	0.67
关系维度	您与其他员工之间互相信任	0.74	0.78
关系维度	您在同事间工作关系方面投入很多感情	0.74	0.76

由表4.1可知，各潜变量的内部一致性均大于0.6，表明量表具有较好的信度。各测量项目在对于潜变量的标准化载荷系数均大于0.6，且模型的拟合指标均达到了可接受的水平，表明量表具有较好的效度。

❦ 4.4 结果与分析

4.4.1 相关分析

在进行回归分析前，首先对各变量进行了相关分析，结果如表4.2所示。由表4.2可知，主要变量之间存在显著的相关关系。组织安全管理、组织安全投入与员工安全遵守、员工安全参与均具有显著的正相关关系，但各变量之间的相关关系存在着较大差异。

表4.2 变量间的相关分析 （n=316）

变量	M	SD	1	2	3	4	5
1安全管理	3.84	0.60	1.00				
2安全投入	4.02	0.75	0.46***	1.00			
3安全遵守	4.02	0.78	0.40***	0.66***	1.00		
4安全参与	4.08	0.78	0.27**	0.51***	0.44***	1.00	
5关系维度	4.20	0.57	0.31**	0.46***	0.41***	0.47***	1.00

注：* $P<0.05$，** $P<0.01$，*** $P<0.001$，下同。

4.4.2　组织安全行为和员工安全行为之间的关系

为避免变量间多重共线性的影响，对数据进行了去中心化处理，采用层级回归的方法以安全管理和安全行为为自变量分别对安全遵守和安全参与进行了回归分析，回归结果如表4.3(第一步)所示。由表4.3(第一步)可知，安全管理和安全投入对安全遵守和安全参与均具有显著的正相关关系，其中安全投入对安全遵守的回归系数(β=0.55，$P<0.001$)大于对安全管理对安全遵守的回归系数(β=0.19，$P<0.001$)，安全投入对安全参与的回归系数(β=0.46，$P<0.001$)同样大于安全管理对安全参与的回归系数(β=0.12，$P<0.01$)。假设H1a～H1d均得到支持。

表4.3　回归分析结果

自变量		标准回归系数			
安全遵守		第一步	第二步	第三步	第三步＊
第一步	安全管理	0.19^{***}	0.17^{***}	0.18^{***}	0.17^{***}
	安全投入	0.55^{***}	0.50^{**}	0.50^{***}	0.49^{***}
第二步	关系维度		0.14^{**}	0.12^{*}	0.13^{**}
第三步	安全管理×关系维度			0.24^{*}	
第三步＊	安全投入×关系维度				0.02
	Adjusted R^2	0.42^{***}	0.44^{**}	0.43^{**}	0.44
	$\triangle R^2$	0.43^{***}	0.02^{**}	0.01^{**}	0.00
安全参与					
第一步	安全管理	0.12^{**}	0.10^{*}	0.09^{*}	0.10^{*}
	安全投入	0.46^{***}	0.35^{***}	0.35^{***}	0.38^{**}
第二步	关系维度		0.28^{***}	0.30^{***}	0.23^{***}
第三步	安全管理×关系维度			0.03	
第三步＊	安全投入×关系维度				0.13^{**}
	Adjusted R^2	0.27^{***}	0.33^{***}	0.33	0.34^{**}
	$\triangle R^2$	0.27^{***}	0.06^{***}	0.00	0.01^{**}

4.4.3 社会资本关系维度的调节作用

调节作用分析是分析第三个变量对自变量与因变量之间的关系是否具有影响。通用的做法是首先考察自变量与因变量之间是否存在主效应(如表4.3第一步所示)，第二步是将调节变量纳入回归方程，考察调节变量对因变量的主效应，第三步将调节变量×自变量纳入回归方程，分析两者的交互效应，如果该效应显著，则表明调节效应显著。分析结果如表4.3(第三步)所示。由表4.3可知，当因变量为安全遵守时，社会资本关系维度与安全管理之间的交互效应显著(β=0.24，P<0.05)，即社会资本关系维度在安全管理与安全遵守之间存在调节效应，社会资本关系维度与安全投入之间的交互效应不显著(β=0.02，P>0.1)，即社会资本关系维度在安全投入与安全遵守之间不存在调节效应；在因变量为安全参与时，社会资本关系维度与安全投入之间的交互效应显著(β=0.13，P<0.01)，即社会资本关系维度在安全投入与安全参与之间存在调节效应，社会资本关系维度与安全管理之间的交互效应不显著(β=0.03，P>0.1)，即社会资本关系维度在安全管理与安全参与之间不存在调节效应。因此，只有假设H2a和H2d得到支持。

社会资本关系维度的调节作用如图4.1和图4.2所示。由图4.1可知，当施工企业提升安全管理水平时，较强的关系资本能够更好地提高员工的安全遵守行为，而较低的关系资本对员工安全遵守只能带来轻微的影响；由图4.2可知，当施工企业加大安全投入水平时，较强的关系资本能够更好地促进员工的安全参与行为，而较低的关系资本对员工的安全参与只能带来轻微的影响。这是因为组织安全管理政策由高层管理者制定，通过中层管理者到基层管理者再到一线工人的实施过程，是组织行为作用于个体行为的过程，在这个过程中除了层级间的命令和强制力还存在着组织与个体之间非正式的关系，这些非正式关系对一线工人理解并遵守管理政策具有促进作用；安全投入是针对具体施工活动进行的一系列安全投入，这些投入的直接目的就是使员工能够积极参与施工组织的安全施工活动，如果管理者和员工之间具有较好的沟通与信任，员工就会充分体会到组织在安全方面所付出的努力，并尽可能地发挥自己的能力去实现组织目标。相反，如果管理者与员工之间并没有较好的关系资本，施工安全管理政策和安全投入就会由于缺少员工的有效参与而流于形式[58]。

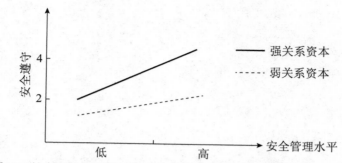

图4.1　社会资本关系维度(关系资本)对安全管理与安全遵守的调节作用

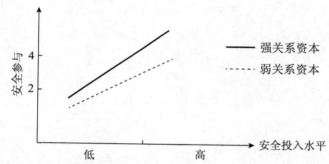

图4.2　社会资本关系维度(关系资本)对安全投入与安全参与的调节作用

第5章　社会资本、安全认知与施工人员安全行为关系研究

为分析施工企业个体与组织、环境及其他社会因素之间的关系对施工人员安全行为的影响，以社会资本理论、认知心理学理论和安全行为理论为基础建立了施工人员安全行为的影响因素体系，设计了相关调查问卷，采用因子分析和结构方程理论对社会资本、安全认知与安全行为之间的关系进行了实证分析。

5.1　概述

一系列的事故致因理论指出人的不安全行为或物的不安全状态是一般安全事故发生的直接原因，关于人的不安全行为产生原因也一直是人们关注的重点。Heinrich[1]指出是由于遗传因素和社会环境导致人存在某项缺点，从而产生不安全行为。Bird和Frank[2]认为虽然人的不安全行为是事故发生的主要原因，但不能将原因单单归结于人的缺点，人的缺点或不安全行为只是一种表面现象，而安全管理的失误才是不安全行为或不安全状态产生的本质原因。Adams[3]在此基础上又将管理失误分为领导决策失误和现场管理失误。北川彻三[4]基于社会环境的视角提出导致安全事故发生的原因是复杂多元的，既包括企业内部安全管理、员工自身的安全知识、技能和心理等因素，也包括国家、社会的安全文化、法律政策等环境是否完善等。Surry[174]基于认知过程分析提出了事故模型理论，他将事故分为危险出现和危险释放两个阶段，在这两个阶段中人的感觉、认识和行为响应三个环节任一环节出现问题都会导致事故的发生。综上所述，目前关于人的不安全行为的研究主要涉及员工个体的特征和认知、组织安全管理以及宏观环境等方面，在社会网络化和复杂化的今天，施工企业员工的安全行为除受到上述原因的影响，还受到最具中国情境特点的"关系"的影响，即个体之间、个体与组织之间、个体与社会生活环境之间关系的影响，而在此方面的研究却鲜有报道。本章是基于这个角度，以社会资本理论为依据，以安全认知为中介变量，构建了社会资本、安全认知和安全行为的结构方程模型，实证分析社会关系等因素对员工安全行为的影响规律。

💡 5.2　文献回顾和假设提出

5.2.1　安全认知与安全行为

Neisser[64]在《认知心理学》一书中指出，认知是感觉输入及其被转化、简约、精加工、储存、恢复和应用的全过程，即使是在没有外界刺激的时候，这些过程也可以运行。Ajzen和Fishbein[67] [175]基于认知角度提出了理性行为理论和计划行为理论，指出人的行为由人的行为意愿决定，而行为意愿由行为态度、主观规范和感知行为控制决定，周围环境和其拥有的知识又影响其行为态度和主观规范。计划行为理论为人们从认知角度分析人的行为提供了新的思路，施工人员对施工作业安全状况的认知同样影响其安全行为。Allahyari等[176]通过统计分析指出具有较高认知失败率的员工发生事故的风险更大。Mitropoulos和Memarian[177]指出施工队的认知、情感和行为过程对施工团队建设和施工人员安全具有积极作用。Jones 和Wuebker[178]提出具有较强安全意识的员工作出行为决策时更加谨慎，而安全意识较弱的员工没有认识到自己行为的危险性而容易做出不安全行为。Fugas[118]以认知和社会调解机制为中介变量，分析了安全氛围对员工安全行为的影响。我国学者吴建金[133]采用中介效应法分析了安全意识、安全态度和安全参与作为中介变量时安全氛围对安全行为的影响。张孟春和方东平[179]以计划行为理论为基础，从认知角度分析了行为风险感知和安全知识判断等对安全行为的影响。综上所述，本章概括出员工的安全认知分为员工的安全意识、安全知识以及安全态度三部分内容，并提出如下假设。

H_1：施工人员的安全认知与其安全行为具有正相关关系。

5.2.2　社会资本与安全认知

如前面所述，社会资本源于人们对社会网络的研究，Nahapiet 和Ghoshal[143]在进行社会资本测量时将其分为结构维度、认知维度和关系维度。结构维度是指个体的中心性和联系强度。Burt[54]提出的"结构洞"理论也说明个体在社会网络中所处的位置对其自身行为有一定的影响，Kines等[87]指出通过加强工长与施工人员的口头安全交流会对施工现场的安全起到积极作用。认知维度是指群体或个体间的知识或价值观水平，反映到施工企业中可以表达为个体对企业的安全文化、安全氛围的认同，个体社会资本认知维度水平较高，有助于增加个体对组织或其他个体价值观的认同，从而提高个体的安全认知和安全行为水平。Neal和Griffin[170]指出了安全氛围、安全动机与安全行为之间的关系。关系维度是指个体间相互信任以及感情等因素。罗家德等[146]指出，对非血缘关系人的信任会对个体认知层面产生较大的影响，在我国，施工人员的流动性较大，大部分项目在开始之初员工之间并不熟悉，彼此之间是否能够较快地达到信任，对个人是否形成良好的人际关系并安心工作具有关键影响。此外，Rao[61]基于社会资本角度分析了事故发生的原因，指出除了安全培训、安全规范等明显的安全措施外，社会网络、个体间信任等社会资本因素也对事故发生有一定的影响。Mohnen等[180]研究了社区社会资本对个人健康行为的影响，并指出凝聚力高的社区个体做出危害自身或他人健康的行为越少。Carmeli等[181]也提出了人际关系对个体心理安全的积极作用。综上所述，提出以下假设。

H_2：施工人员的社会资本对其安全认知具有正相关关系；

H_{21}：社会资本的结构维度对安全认知具有正相关关系；

H_{22}：社会资本的认知维度对安全认知具有正相关关系；

H_{23}：社会资本的关系维度对安全认知具有正相关关系。

H_3：施工人员的社会资本对其安全行为具有正相关关系；

H_{31}：社会资本的结构维度对安全行为具有正相关关系；

H_{32}：社会资本的认知维度对安全行为具有正相关关系；

H_{33}：社会资本的关系维度对安全行为具有正相关关系。

5.3 研究设计和数据获取

5.3.1 社会资本、安全认知与安全行为的概念模型

根据相关文献分析以及本章的研究假设，构建社会资本、安全认知与施工人员安全行为的概念模型如图5.1所示。

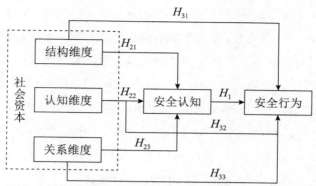

图5.1 社会资本、安全认知与施工人员安全行为概念模型

由图5.1可知，社会资本一方面通过影响员工的安全认知间接影响安全行为，如假设H_{21}、H_{22}、H_{23}和H_1；一方面直接影响员工的安全行为，如假设H_{31}、H_{32}、H_{33}。本章的研究目的就是验证概念模型中所包含的假设是否成立。

5.3.2 量表和调查问卷设计

本章问卷设计及数据获取同第3章。

💡 5.4 实证分析

5.4.1 信度与效度分析

在进行因子分析前，需要检验问卷的信度和效度[150]。目前信度检验常用的指标为Cronbach's Alpha系数。系数越接近于1，说明问卷的可靠性和稳定性越好，可以对问卷中的数据进行分析；相反，系数接近于0，则不适宜采用问卷获取的数据。本章利用SPSS19.0计算得出问卷的信度系数如表5.1所示，Cronbach's Alpha为0.890>0.8，说明问卷具有良好的信度。

表5.1 Cronbach's Alpha信度系数

Cronbach's Alpha	项数
0.890	21

效度检验是对问卷数据对测量题项的准确性或者有效性的检验。效度检验可分为内容效度和结构效度：内容效度是对变量所对应题项的表达程度和测量范围

的适当性，一般采取专家评审和实地调研的方式修正相关题项，以提高问卷的内容效度。本章在上述问卷设计方面严格遵循了文献分析、专家评审和实地调研的步骤，应该说具有较好的内容效度。结构效度是指测量变量在问卷中体现的理论结构和特质的程度，一般采用Kaiser-Meyer-Olkin(KMO)系数和Bartlett球形度检验作为测量指标，利用SPSS19.0，计算结果如表5.2所示。其中，KMO值为0.892，大于0.7，Bartlett球形度检验Sig.=0.000<0.005，说明问卷具有较好的结构信度。

表5.2　KMO和Bartlett系数

取样足够度的 Kaiser-Meyer-Olkin 度量		0.892
Bartlett 的球形度检验	近似卡方	1484.600
	df	210
	Sig.	0.000

通过对问卷的信度和效度分析，说明问卷具有较好的稳定性和有效性，为下文的数据分析奠定了统计意义上的基础。

5.4.2　探索性因子分析

在构建结构方程模型前需要提取相关变量的公因子，即进行探索性因子分析，将数据随机分为两部分，分别进行探索性因子分析和结构方程模型分析，探索性因子分析同样利用SPSS19.0完成，采用主成分分析法以特征值大于1的原则提取公因子，正交旋转后的因子负荷矩阵如表5.3所示。

表5.3　旋转成分矩阵

题项	成分				
	1	2	3	4	5
a1		0.797			
a2		0.845			
a3		0.532			
b1	0.674				
b2	0.732				
b3	0.750				
b4	0.661				
c1				0.641	

（续表）

题项	成分				
	1	2	3	4	5
c2				0.545	
c3				0.523	
c4				0.428	
m1					0.782
m2					0.768
m3					0.593
m4					0.809
m5					0.535
m6					0.466
n1			0.640		
n2			0.839		
n3			0.499		
n4			0.686		
特征值	4.320	2.996	2.507	2.389	2.205
解释累计总方差	20.571	34.838	46.778	58.157	68.655

　　由表5.3可知，提取的公因子与问卷设计时的假设比较一致，公因子能够解释大部分变量，对提取的五个公因子的命名分别为：结构维度、认知维度、关系维度、安全认知和安全行为。另外，由于"项目部主管认真考虑所提建议""以最佳的状态投入工作"和"经常提出安全方面的建议"三个变量的因子负荷值小于0.5，不能较好地反映公因子的特点，在结构方程模型分析时将此三个变量剔除。探索性因子分析为下文结构方程模型的构建和分析奠定了基础。

5.4.3　结构方程模型分析

1. 初始模型构建

　　根据上文相关假设和因子分析，利用AMOS17.0软件构建社会资本、安全认知与安全行为的结构方程模型。模型的输出结果显示，各观察变量与潜变量之间的标准化回归系数均小于0.95，且在5%水平下显著，说明模型通过"违反估计"

检验。各变量的最大值和最小值均处于[1，5]之间，且其偏度系数和峰度系数均小于1，说明样本数据整体符合正态分布标准。但由于模型的拟合程度并不是太好，因此需要对模型进行进一步的修正。

2. 修正后模型分析

模型的修正根据修正指标值(Modification Indices，MI)和估计参数改变量(Par Charge)进行逐步修正[182]，将MI值较大的误差项建立共变关系，在两步修正之后得到最终模型，如图5.2所示。

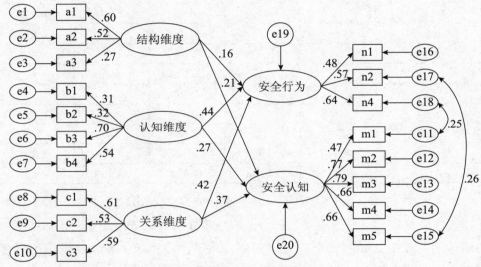

图5.2　修正后的结构方程模型

由图5.2可知，模型的修正是分别建立了m1和n4、m4和n2误差项的共变关系，m1对应安全认知的保持较高警惕性，n4对应安全行为的工作时遵守安全规范，保持较高警惕性的员工一般都会按照安全规范的指导进行施工作业，而不会产生疏忽大意的行为。因此，两者之间具有一定的相关关系，可以建立共变关系。M4对应安全认知的及时消除事故隐患，n2对应安全行为的主动纠正同事的错误动作，两者存在一定的因果关系，可建立共变关系。模型修正前后的拟合指标如表5.4所示。

表5.4　修正前后模型拟合指标

指标分类	拟合指标	判断值	初始模型	最终模型	是否适配
绝对适配度指数	RMSEA渐进残差均方和平方根	<0.05	0.052	0.045	是
	卡方自由度比	<2	1.533	1.391	是
	GFI良适性适配指标	>0.9	0.900	0.912	是
增值适配度指数	CFI比较适配指数	>0.9	0.907	0.933	是
	IFI增值适配指数	>0.9	0.910	0.935	是
简约适配度指数	PNFI简约调整后的规准适配指数	>0.5	0.636	0.645	是
	PGFI简约适配度指数	>0.5	0.658	0.656	是

根据表5.4可知，初始模型和最终模型的拟合程度有了较大改变，修正后的最终模型在绝对适配指标、增值适配指标和简约适配指标方面均达到了理论模型与实际数据的适配，因此说明模型的构建是有效的。

3. 结果分析

模型输出结果如表5.5所示。

表5.5　变量回归系数

变量关系	标准化回归系数	标准误	T值	P值	显著性
安全认知←关系维度	0.367	0.130	2.782	0.005	显著
安全认知←认知维度	0.267	0.108	2.199	0.028	显著
安全认知←结构维度	0.210	0.249	1.588	0.112	不显著
安全行为←安全认知	0.272	0.140	2.115	0.034	显著
安全行为←关系维度	0.416	0.159	2.812	0.005	显著
安全行为←认知维度	0.436	0.139	3.029	0.002	显著
安全行为←结构维度	0.162	0.259	1.282	0.200	不显著

根据表5.5可知，除结构维度对安全认知和安全行为影响不显著外，其他变量间的关系均为显著，变量间的关系解释如下。

(1) 安全认知与安全行为呈显著的正相关关系

安全认知水平对安全行为具有积极作用，这也证实了Ajzen的计划行为理论假说在安全领域的应用。施工人员的安全行为由其安全行为意向决定，而安全行为意向又受到安全认知水平的影响，包括安全意识、安全态度、安全知识或技能水平等，安全意识高、安全态度好、安全知识和技能水平扎实会从本质上促使员工形成安全行为倾向，从而促使安全行为的产生。因此，假设H_1成立。

(2) 社会资本结构维度与安全认知的关系不显著

社会资本的结构维度是指个体的中心性或与他人的联系强度，虽然在Burt的"结构洞"理论中指出，结构维度水平较高的人或企业在竞争中更具优势，但当面对施工作业安全性问题时，个体的联系强度以及中心性对提高安全认知并未表现出显著的正相关关系。这可能是因为在我国施工人员中过于频繁的联系或非正式的聚会等并不会促使员工提高安全方面的认知。相反，或许会因为个人的中心性太强而弱化工作的重点，降低对安全问题的注意程度。Kines指出的工长与施工人员加强联系有助于提高施工安全，在一定程度上侧重的是现场管理者的结构维度，并不是施工人员本身的结构维度，因此，假设H_{21}不成立。

(3) 社会资本认知维度与安全认知呈显著的正相关关系

社会资本认知维度多指员工的价值观与企业的价值观一致性程度，或者员工为企业的共同愿景的努力程度。在施工企业以安全生产为首要目标的时候，施工人员如果能在不被其他因素干扰的情况下保证与企业目标一致，就会在施工作业时提高警惕性，并尽量以最佳的状态投入工作，从而提高自身的安全认知。因此，假设H_{22}成立。

(4) 社会资本关系维度与安全认知呈显著的正相关关系

社会资本的关系维度包括员工之间的信任、互相帮助、个人的人际关系等，由于大部分施工团队组成人员流动性较强，不同专业的施工团队在施工作业时也要有不可避免的接触，施工人员能否在较快的时间内信任对方并形成良好的人际关系圈，对其个体在工作时保持良好的心理状态有密切关系，施工人员对同事有一定的信任或感情就会在工作时时刻提醒自己注意周围环境的安全隐患，以防发生安全事故对他人造成损害，具有较好的人际关系也会使其在施工作业时不断增加安全知识和技能，从而提高自身的安全认知。因此，假设H_{23}成立。

(5) 社会资本结构维度与安全行为的关系不显著

与结构维度与安全认知的关系相同，在施工企业中，施工人员的社会资本结构维度水平并没有显著影响员工的安全行为，个体的中心性强反而会使其产生优越心理，忽视自身行为对安全作业的重要性，从而做出不安全行为。假设H_{31}不成立。但当员工自身安全认知水平和安全行为水平较高时，个体的结构维度或许会形成一种榜样或示范的力量促使其他员工尽量减少不安全行为，而向中心性强且安全行为水平高的人靠近。

(6) 社会资本认知维度与安全行为呈显著的正相关关系

社会资本的认知维度会通过建立员工与企业间的非正式规范来约束员工的不安全行为，激励员工的安全行为。施工人员对施工企业"安全第一"等目标的认同就是一种非正式规范，它直接对施工人员产生作用，从而改变其行为决策。因此，假设H_{32}成立。

(7) 社会资本关系维度与安全行为呈显著的正相关关系

社会资本关系维度除通过影响安全认知间接影响员工安全行为外，还会直接对安全行为产生影响。在这种情况下，个人社会资本并不改变员工安全认知而是通过建立员工间的非正式规范约束员工的不安全行为，个体的关系维度水平高，其与同事之间的良好"关系"就会在一些关键问题上促使其尽量做出安全性较高的行为，从而避免伤害与同事之间的"关系"。因此，假设H_{33}成立。

第6章　社会资本、管理者行为与施工人员安全行为理论模型构建：一个探索性案例分析

在上述文献回顾和理论分析的基础上，本章提出在施工项目中项目管理者与施工人员之间存在某种程度的社会资本，且该社会资本对管理者和施工人员的安全行为具有一定的影响。虽然已有文献对此进行了初步研究，但对社会资本的生成以及社会资本与安全行为之间的作用机理还没有较为深入的阐述。在进行实证分析之前，本章首先借鉴案例研究方法的优势，以典型工程项目为例，对本章相关变量之间的关系进行探索性分析，并据此提出相应理论模型及相关研究假设，为下文进行大样本的实证分析奠定理论基础。

6.1 研究问题界定和研究方法

6.1.1 研究问题界定

根据上述分析，本章构建了社会资本与管理者和员工安全行为之间的初步关系模型，如图6.1所示。

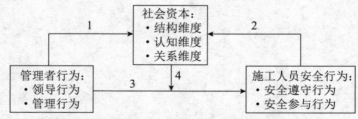

图6.1 社会资本与管理者和员工安全行为初步关系模型

根据图6.1所示的初步关系模型，本章借鉴组织行为理论、行为安全理论和社会资本理论等相关理论，提出管理者行为和施工人员的安全行为是管理者和施工人员之间社会资本产生的前因要素，如图6.1中线1和线2所示；社会资本对管理者行为与施工人员安全行为之间的关系起到影响作用，如图6.1中线3和线4所示。对此，本章将研究问题界定为以下三个层面：项目管理者与施工人员之间是否存在社会资本？如果存在，社会资本具体构成要素及形成的机理是什么？管理者与员工之间存在的社会资本，对管理者行为指令的执行有什么影响？即在管理者管理员工过程中，社会资本对员工安全行为变化的影响；考虑时间因素后，社会资本和安全行为之间的动态演化过程是什么？

6.1.2 研究方法选择

根据上述研究目的和研究问题的界定，本章选择案例研究的方法进行分析。案例研究也是一种探索性研究方法，主要是在真实的背景下研究当时的现象，以发现个人、团体或行为之间的影响因素，且相对于大样本的定量分析，案例研究的方法更容易发现新的现象(new phenomena)[183]。案例研究可以根据选择案例的多少分为单案例研究和多案例研究。单案例研究是多案例研究的基础[184]，能对案例进行深入的调研与分析[185]，且更容易将"是什么"和"怎么样"的问题阐述清楚。根据Eisenhardt[186]对建构理论时采用案例研究方法的分析，案例研究分析的过程可以分为八个步骤，分别是研究启动、案例选择、研究工具和程序设计、进入现场、数据分析、假设提出、文献对比分析、最终理论模型形成等。具体如图6.2所示。

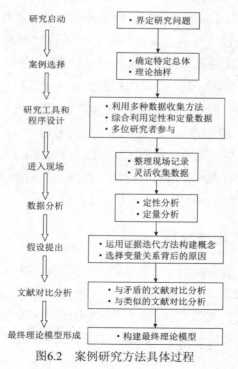

图6.2 案例研究方法具体过程

6.2 案例选择和数据分析

6.2.1 案例选择

根据上述案例分析的步骤，在研究问题界定之后需要根据研究的问题及相关理论选择合适的案例，从而更好地进行案例分析。此外，案例的选择方法主要是理论抽样法而不是随机抽样法，即主要根据案例与所研究的理论或问题契合的程度进行选择。

本章选择了万科企业股份有限公司下属的位于天津市西青区的万科四季花城项目(以下简称"万科四季花城")。万科四季花城项目是集住宅与商业为一体的建设项目，共占地17万平方米，建筑面积约24万平方米，建筑以5～8层洋房为主，添加数幢16～18层的小高层。万科四季花城是天津市"西南新城"规划的一部分。

万科四季花城项目由湖南省第三工程有限公司(以下简称"湖南三建")作为总承包单位自2012年开工建设。湖南三建隶属于湖南省建筑工程集团总公司，是一家以土建施工为主的大型国有建筑施工企业，自1951年成立以来，承建了多项房屋建筑、市政公用等工程，并多次获得国家建筑工程"鲁班奖""市安全生产管理先进单位""全国工程建设质量管理先进单位优秀企业"等荣誉和称号。本章选择湖南三建承建的万科四季花城工程项目作为研究对象，主要基于以下三点原因：一是四季花城项目是一个较大规模的民用建筑项目，拥有大量的施工班组和工人，能够代表一般施工工程项目具有的特点(如施工工期长、施工工艺复杂、工人数量多且流动性大等)；二是湖南三建与万科企业股份有限公司具有长期合作战略，且湖南三建下属班组和施工队伍均具有长期合作关系，为本章研究管理者和员工社会资本形成和作用机理提供了基础；三是本研究组与万科四季花城项目管理人员具有长期合作和良好的私人关系，有利于相关资料和数据的收集。

6.2.2 数据收集与分析

根据案例研究中数据收集方法的原则，在数据收集过程中应当尽量采用多渠道、多层次的数据收集方法，借鉴以往相关研究的经验[187]，本章的数据来源主要包括以下5个方面：一是广泛收集公司和本项目的档案材料，包括内外部的出版物、相关规则制度文件、网络资源等；二是通过访谈获取相关信息和数据，针对特定的主题设计相关问题并选择访谈对象，从而能够直接获取他们的意见；三是参与到项目的部分会议之中，获取部分信息；四是从与项目相关的其他利益相关者方获取信息，如建设单位、监理单位、供应商等；五是通过其他一些非正式的渠道获取相关信息，如电话交谈、邮件往来以及现场观察等方式[188]。其中，比较重要的数据来源为访谈获取的数据，访谈对象主要包括总公司的部分管理人员(如工程部部门经理、公司总经理、副总经理等)、项目部管理人员(项目经理、安全经理、技术负责人等)以及施工人员(如工长、各工种的一线工人等)。访谈方式为半结构化的访谈方式，首先针对本章研究问题设计了一套访问提纲，进而选择不同的访谈对象进行非正式访谈。半结构化的访谈方式以其轻松灵活的问答方式被案例研究者广泛应用，且能够获得访谈对象对相关问题更深入的见解。本节数据收集的方法与内容具体如表6.1所示。

表6.1　数据收集方法与内容

数据类型	数据来源	主要内容
二手资料	公司内外部出版物、相关规则制度文件、网络上对公司或项目的报道、公司网站等	通过广泛收集与本项目相关的档案材料，获取本项目在提高管理者行为水平、施工人员安全行为水平方面作出的努力，项目现有的安全文化、相关安全规章制度以及项目对安全事故的态度策略等
	其他方式	通过与其他利益相关者的联系获取与施工单位相关的资料
一手资料	管理者访谈	访谈对象主要包括公司总经理、部门经理、项目经理、安全经理等，通过访谈获取他们对于施工人员安全行为、社会资本以及项目安全管理制度及其影响关系的认识
	施工人员访谈	访谈对象主要包括工长、各工种的一线施工工人等，通过访谈获取他们对于管理者行为、自身安全行为以及社会资本与安全管理制度对行为的影响关系的认识
	参与会议	通过参与项目部召开的相关会议了解管理者或工人之间沟通的现状、对安全相关事项的对策和态度等
	现场观察	通过对项目施工现场的观察了解管理者的管理情况及工人的作业情况
	其他方式	通过与其他利益相关者的联系获取他们对待安全施工的态度和策略等

根据上述数据收集方法的原则与内涵，本章对万科四季花城项目进行了为期六个月的调研与跟踪访谈，资料与数据的主要来源方式主要分为一手资料和二

手资料两类，其中二手资料主要来源于对该项目及其相关的现有资料的整理，如表6.1中对公司文件资料的收集与整理；一手资料主要通过访谈、参与会议、现场观察及其他方式等手段获取。此外，为更好地从大量资料和数据中提炼对本章研究内容有用的信息，根据资料内容与性质的不同分别对其进行了编码，共计33条。各类资料与数据的编码处理情况如表6.2所示。

表6.2　各类资料与数据的编码处理情况

资料类别	资料来源	编码代码	条目内容
二手资料	公司内外部出版物、相关规则制度文件、网络上对公司或项目的报道、公司网站等	F1～F8	1.公司组织结构；2.公司管理制度；3.项目组织结构；4.项目安全管理制度；5.项目安全宣传材料；6.项目安全事故及处理情况记录；7.项目安全会议记录；8.项目安全隐患排查情况
	其他方式	F9～F11	1.业主与项目部就安全施工达成的协议；2.监理单位就安全施工与项目部的沟通情况；3.项目部对供应商的要求情况
一手资料	管理者访谈	F12～F17	1.项目部目前的安全管理情况如何(安全管理制度、奖惩制度、人岗责匹配)；2.与工人之间是否有安全施工方面的沟通？沟通是否顺畅，有没有隔阂？工人是否将安全施工作为行动的目标和准则？3.工人遵守安全规范受到制度的影响还是管理者的沟通与宣传？4.工人是否有主动发现安全隐患的行为？这种行为是企业文化还是有激励措施？5.企业的安全管理制度是否有过变化？与工人之间的沟通与反馈是否会使企业管理制度发生变化？6.工人是否进行安全施工主要受到哪些因素影响？自身对安全施工的重视受到哪些因素影响？
	施工人员访谈	F18～F23	1.对项目安全施工方面的评价(包括制度的制定、实行等)；2.与管理者是否有过安全施工方面的沟通，沟通是否顺畅，管理者是否采纳建议，管理者是否重视安全？3.工作过程中是否遵守安全规范，是出于奖惩制度的规定还是受到管理者沟通与宣传的影响？4.是否有主动发现安全隐患的行为？这种行为是否受到激励制度影响或他人影响？5.项目奖惩制度是否有过变化？在向管理者提出建议后制度是否发生过变化？6.安全施工与否主要受到哪些因素影响？管理者对安全的重视与否受到哪些因素影响？

（续表）

资料类别	资料来源	编码代码	条目内容
一手资料	参与会议	F24～F27	1.管理者参与情况；2.员工参与情况；3.员工发言情况；4.管理者与员工沟通情况
	现场观察	F28～F30	1.施工人员安全行为情况；2.管理人员指挥与管理情况；3.安全隐患情况
	其他方式	F31～F33	1.业主对项目部安全施工的评价与态度；2.监理单位对项目部安全施工的评价与态度；3.供应商对项目部安全施工的评价与态度

　　根据上述收集资料的方式以及编码的内容，本章对万科四季花城项目进行了实地调研和访谈，以收集研究所需的信息和数据，其中二手资料中的编码F1～F11数据主要整理自项目部现有的文件资料，包括其组织结构图、规章制度及其与其他单位关于安全施工的往来文件等；一手资料中的编码F12～F23数据主要通过对项目五名管理者(公司总经理、项目经理、生产经理、安全经理、党委书记)以及六名工人的面谈获取，编码F24～F27数据主要通过参加部分安全相关会议收集，编码F28～F30信息通过随机现场观察及部分录像资料获取，编码F31～F33信息主要通过与业主代表、监理工程师及部分供应商代表沟通所得。基于此，本章在33条一级编码的基础上收集了与本章研究问题相关的数据，为本章案例的分析提供了数据支持。

💡 6.3　案例分析与发现

　　案例分析是从已经获取的数据中发现理论的过程[189]，本章通过对已获取的数据和资料的深入分析，发现在施工项目中管理者与工人之间存在社会资本，且社会资本对工人安全行为具有某种程度的影响关系，同时安全行为与社会资本之间也存在着动态演化关系。下面对应本章的研究问题，分别进行阐述。

6.3.1　社会资本的构成

　　由于我国施工项目管理者和施工人员对"社会资本"一词的概念与内涵并不十分了解，因此，在访谈时首先对被调查人员详细阐述了社会资本理论的具体内容。通过访谈获取了项目部管理人员和施工工人对社会资本概念的阐述，并证实了管理者与施工人员之间存在某种程度的社会资本。通过整理分析获取的访谈资料，结合社会资本理论，该项目管理人员和施工人员之间社会资本的构成如表6.3所示。

表6.3 管理人员和施工人员之间社会资本的构成

维度划分	构成要素	对社会资本构成要素描述的引用语举例
结构维度	互动与联系频率	项目经理：我与安全经理、生产经理联系很多，与施工人员联系较少； 安全经理：我跟施工人员几乎每天都有沟通与交流； 生产经理：我一周与施工人员(班组长)有两到三次沟通
	网络中心性	项目经理：人人都是安全员，任何施工人员和管理人员均可直接向我反映存在的安全问题； 安全经理：作为安全问题的主要负责人，负责执行安全政策和制度，一方面向施工人员传达安全施工政策，解决施工安全问题，另一方面向项目经理汇报较大的安全问题
	信息共享	安全经理：每天召开班前会议，每周召开安全例会，就安全问题进行说明与讨论； 施工人员：做得不到位的地方，安全经理和生产经理会及时跟我沟通
关系维度	信任	项目经理、安全经理、生产经理等：我们相信大部分工人都会遵守安全规范，但有少数工人会有意或无意地违反规定； 施工人员：我相信管理者的政策是为我们的安全考虑
	互惠性规范	安全经理：对于工人提出的困难和问题，我会尽力帮助解决；会公平地对待每一位工人； 施工人员：有时候安全制度过于严格，但会体谅管理者的难处
	组织认同	安全经理、生产经理：身为项目部的一员感到很自豪，能够积极地为项目部的利益付出自己的努力； 施工人员：会尽力做好自己的工作，不给项目部添麻烦
认知维度	共同语言	安全经理：施工人员能够很好地理解发出的指令和要求； 施工人员：对管理人员要求的内容基本上能够明白
	共同愿景	项目经理、安全经理：大部分施工人员能够按照项目部的规定和设定的目标进行工作，极少数工人没有把项目部目标作为自己工作的目标
	共同价值观	项目经理、安全经理：有部分工人纪律性不强，对严格的制度有所抱怨，容易将自身利益放在首位，图自身舒服与方便(如在工作时抽烟)

由表6.3可知，依据Nahapiet和Ghoshal[143]对社会资本内涵的解释，施工企业中管理者和施工人员之间形成的社会资本也可以分为结构维度、关系维度和认知维度三个维度。结合访谈过程中被调查者关于社会资本的描述语，进而将各维度的构成要素进行了具体划分，下面作简要阐述。

1. 结构维度构成要素

社会资本结构维度可以具体划分为互动与联系频率、网络中心性、信息共享三个构成要素：互动与联系频率是指管理者与施工人员在一定时间内联系或沟通的次数；网络中心性是指个体在整个组织网络中处于核心地位的程度；信息共享是指管理者与施工人员就安全施工问题相关的信息和知识互相分享的行为。上述三个构成要素均以被调查的管理者和施工工人的陈述举例为依据，在该项目中得到了较好的体现。同时解释了社会资本结构维度的含义，即个体之间联系的属性[54]。

2. 关系维度构成要素

社会资本关系维度可以具体划分为信任、互惠性规范、组织认同三个构成要素：信任是指管理者和施工人员对对方行为的信任程度；互惠性规范是指双方主观上形成的为对方考虑的习惯和原则；组织认同是管理者和施工人员对项目部的归属感和感情等。上述三个构成要素均以被调查的管理者和施工人员的陈述举例为依据，在该项目中得到了较好的体现。同时解释了社会资本关系维度的含义，即个体之间的信任和感情等[143]。

3. 认知维度构成要素

社会资本认知维度可以具体划分为共同语言、共同愿景、共同价值观三个构成要素：共同语言是指管理者和施工人员在工作过程中使用的术语和语言是否被对方理解；共同愿景是双方是否形成比较一致的工作目标；共同价值观是双方在对待施工安全问题时是否具有一致的评判标准。在该项目中，除共同语言要素表现较好以外，共同愿景和共同价值观要素的表现有所欠缺，主要由少数人表现的差异造成。上述三个因素同时解释了社会资本关系维度的含义，即个体对组织目标的理解、认识及一致性程度[143]。

6.3.2　社会资本的作用机理

到目前为止，社会资本对组织行为和员工行为的影响关系已经得到了广泛的研究支持，而社会资本与施工安全行为之间的影响关系鲜有研究，国外学者Koh和Rowlinson[58, 59]首次指出社会资本在提升建筑施工项目安全绩效和提高工人安全行为方面具有重要作用。本章通过对万科四季花城项目管理者和施工工人的访谈和观察分析得出管理者行为对施工人员安全行为具有一定的影响关系，而社会资本对二者之间的影响关系起到了显著的促进作用，社会资本、管理者行为和施工人员安全行为之间的作用机理如表6.4所示。

表6.4　社会资本、管理者行为对施工人员安全行为的影响关系

变量关系	影响关系及引用语举例
领导行为对安全遵守	施工人员：管理者对安全问题越重视、越支持，惩罚性越严格，我遵守安全规范的可能性越大
领导行为对安全参与	施工人员：管理者对我越关注、奖励制度越好，我参与安全会议、关注项目部安全问题的可能性越大
管理行为对安全遵守	施工人员：安全员的配备、安全管理制度的执行对我遵守安全规范有促进作用
管理行为对安全参与	施工人员：上述管理行为会引起我对项目部和他人安全的注意与重视，我也会尽力在工作中不发生安全问题
社会资本的影响作用	管理者和施工人员：针对出现的安全问题，管理者说话的态度、语气、对工人是否服从指令有重要影响，管理者如果态度良好，工人基本能够遵守相关规定；管理者与施工人员的沟通次数也会影响施工人员对相关规定的遵守程度；施工人员对管理者的感情和关系越好，他们对项目的考虑就越多；对老工人而言，更倾向于较好地遵守规定，为项目部的整体安全着想，而新工人在此方面表现不足

由表6.4可知，本章结合组织行为理论、行为安全理论和社会资本理论根据访谈获取的信息对变量间的关系进行了细分：管理者行为具体分为领导行为和管理行为；施工人员安全行为具体分为安全遵守行为和安全参与行为；社会资本具体划分为结构维度、关系维度和认知维度。各变量间的影响关系阐述如下。

1. 领导行为对安全遵守行为的影响关系

如上文所述，施工项目部的领导行为是管理者(或称领导者)在安全施工问题上进行的目标设定、愿景建立等侧重精神激励方面的行动，由于工程项目的独立性和一次性，项目经理和副经理等往往起到了领导者的作用。施工人员的安全遵守行为是指施工人员对安全规定或规范、安全制度、管理者指令的遵守和执行。通过调研访谈发现，领导者在安全施工问题方面的重视和支持程度对施工人员安全遵守行为有显著影响，对不遵守安全规定或规范的施工行为的惩罚力度也会影响施工人员的安全遵守情况。

2. 领导行为对安全参与行为的影响关系

安全参与是指施工人员主动关注他人或项目部安全环境，并采取积极行动的行为，安全参与与安全遵守不同，前者主要体现为施工人员在本职工作之外做出的有益于他人或工作场所安全的行为，并不作为强制性规范要求工人遵守。通过管理者和施工人员的表述，安全参与行为主要受到管理者对施工人员的关注程度、奖励程度以及管理者自身行为的影响。施工人员受到越多的关注和重视，其在安全参与方面表现越积极；奖励措施越大，其在安全参与方面就越有动力。此外，管理者自身对待安全问题的态度(如解决问题的及时性、准确性等)也会影响施工人员的安全参与行为。

3. 管理行为对安全遵守行为的影响关系

管理行为是指项目部管理者对安全施工问题做出的安全工作计划、安全组织机构设置和人员配备、安全制度制定和执行、安全工作协调与沟通等具体行为。由于安全遵守行为主要体现为对安全规范、安全制度和安全指令的遵从，因此，管理者和施工人员一致指出管理行为对安全遵守行为有着重要的影响，尤其对于新加入项目部的工人而言，影响更为直接和有效。

4. 管理行为对安全参与行为的影响关系

由于安全参与行为多属于管理制度和规范约束的范围之外，因此，管理者和施工人员均表示通过加强和改善管理行为无法有效提高安全参与行为的水平。不过，由于安全参与行为的重要性，项目部管理者往往会通过其他手段加强施工人员的安全参与水平，如通过物质奖励和精神奖励、对施工人员的关心和尊重以及其他能够建立项目部良好文化的行为。由此可以看出，此时管理者承担的是领导者的角色，做出的是具有领导性质的行为。

5. 社会资本结构维度的影响作用

社会资本结构维度是指项目部管理者和施工人员联系和沟通的频率以及沟通的便利性和有效性。通过访谈发现，管理者和施工人员之间的沟通有助于施工人员对项目部的目标、文化和制度有更好的理解，能够更好地站在管理者和项目部的角度考虑问题，从而提高其安全遵守行为和安全参与行为。

6. 社会资本关系维度的影响作用

社会资本关系维度是指项目部管理者和施工人员之间的信任、感情和互相帮助等。管理者和施工人员的相互信任以及管理者站在施工人员的角度解释安全管理制度、解决施工安全问题等行为均能够有效提高施工人员的安全遵守行为和安全参与行为。

7. 社会资本认知维度的影响作用

社会资本认知维度是指项目部管理者和施工人员形成的共同语言、共同愿景和共同价值观等，体现为对施工安全问题认知的一致性。通过管理者和部分在该公司工作年限较长的施工人员的陈述，在认同公司文化和理念后，能够比较容易接受项目部制定的各种政策和规定，也容易站在项目部的角度为项目部整体着想。

6.4 理论模型与研究假设

通过上述分析，本章在6.1节构建的初步关系模型基本得到了验证，主要体现管理者和施工人员之间存在社会资本，管理者领导行为对施工人员安全遵守行为和安全参与行为的影响，管理者管理行为对施工人员安全参与行为的影响以及社会资本对上述影响关系的促进作用，具体如图6.3所示。

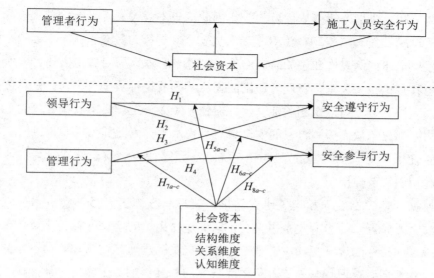

图6.3　管理者行为、施工人员安全行为、社会资本理论模型

根据上述案例分析发现和构建的理论模型，本章提出下列研究假设，为下文进行大样本的实证研究提供理论依据。

假设 H_1：管理者领导行为对施工人员安全遵守行为具有正相关关系

根据上述案例发现和相关研究结果，领导行为对施工人员安全遵守具有正相关关系[91]。管理者对安全的支持活动会有助于工人形成积极的心理环境，进而提高工人对安全的期望，并做出安全行为[81]。管理者与工人进行经常性的沟通也会促进工人遵守安全规范、提高安全行为水平[87]。根据领导行为理论，不同类型的领导行为，对安全遵守行为的影响程度也不一样[125, 126]。因此提出本假设。

假设 H_2：管理者领导行为对施工人员安全参与行为具有正相关关系

根据上述案例发现和相关研究结果，领导者角色对施工人员安全参与具有正相关关系[83]。当管理者对安全支持作出承诺时，员工会付出更大的努力去遵从安全工作的措施和其他安全相关的建议[89]。管理者通过不同的领导行为可以促进施工人员提高安全参与水平。因此提出本假设。

假设 H_3：管理者管理行为对施工人员安全遵守行为具有正相关关系

根据上述案例发现和相关研究结果，管理者具体的管理活动对施工人员安全遵守行为具有正相关关系[93]。诸如安全培训、安全计划、安全监督、发现问题和纠正问题等行为均会对施工人员不遵守安全行为作有效的防范和纠正，提高其对安全规范和安全指令的遵从行为[77, 87]。因此提出本假设。

假设H_4：管理者管理行为对施工人员安全参与行为具有正相关关系

根据上述案例发现和相关研究结果，管理者管理行为对施工人员的安全参与行为也具有正相关关系。管理者作出的物质奖励或精神奖励可为在一定程度上激励施工人员积极参与安全相关活动，并促使施工人员把项目的安全作为自己工作目标的一部分，从而提高自己的安全参与行为水平。因此提出本假设。

假设H_5：管理者与施工人员社会资本在领导行为对安全遵守行为的影响关系中起正向调节作用

根据上述案例发现和相关研究结果，管理者与施工人员社会资本在领导行为对安全遵守行为的影响关系中具有正向促进作用。安全遵守行为主要体现对强制性规范或指令的遵从行动，管理者与施工人员的沟通、信任和感情以及共同愿景的建立都会对管理者与施工人员之间行为的相互影响产生作用，从而促进施工人员遵守管理者发出的指令和制定的规范等。因此提出本假设并分别提出假设$H_{5a} \sim H_{5c}$。

H_{5a}：社会资本结构维度在领导行为对安全遵守行为的影响关系中起正向调节作用

H_{5b}：社会资本关系维度在领导行为对安全遵守行为的影响关系中起正向调节作用

H_{5c}：社会资本认知维度在领导行为对安全遵守行为的影响关系中起正向调节作用

假设H_6：管理者与施工人员社会资本在领导行为对安全参与行为的影响关系中起正向调节作用

根据上述案例发现和相关研究结果，管理者与施工人员社会资本在领导行为对安全参与行为的影响关系中具有正向促进作用。Koh和Rowlinson[58, 59]指出，社会资本强调组织的适应性和合作，并促进了个体的参与，从而提高了安全行为和安全绩效水平。管理者与施工人员之间形成的社会资本能够促进施工人员将项目部集体利益和他人利益考虑在内，并在可能的情况下做出利他行为，能够有效地提高领导行为对提高施工人员安全参与的影响。因此提出本假设并分别提出假设$H_{6a} \sim H_{6c}$。

H_{6a}：社会资本结构维度在领导行为对安全参与行为的影响关系中起正向调节作用

H_{6b}：社会资本关系维度在领导行为对安全参与行为的影响关系中起正向调节作用

H_{6c}：社会资本认知维度在领导行为对安全参与行为的影响关系中起正向调节作用

假设H_7：管理者与施工人员社会资本在管理行为对安全遵守行为的影响关系中起正向调节作用

根据上述案例发现和相关研究结果，管理者与施工人员社会资本在管理行为对安全遵守行为的影响关系中具有正向促进作用。管理行为往往体现为管理者做出的要求施工人员遵从的具体活动。根据领导成员交换理论，管理者与施工人员之间的沟通、信任、认知等有助于施工人员遵从指令和制度作为对管理者的回报。因此提出本假设并分别提出假设H_{7a}～H_{7c}。

H_{7a}：社会资本结构维度在管理行为对安全遵守行为的影响关系中起正向调节作用

H_{7b}：社会资本关系维度在管理行为对安全遵守行为的影响关系中起正向调节作用

H_{7c}：社会资本认知维度在管理行为对安全遵守行为的影响关系中起正向调节作用

假设H_8：管理者与施工人员社会资本在管理行为对安全参与行为的影响关系中起正向调节作用

根据上述案例发现和相关研究结果，管理者与施工人员社会资本在管理行为对安全参与行为的影响关系中具有正向促进作用。在管理行为对安全参与行为的基础上，根据领导成员交换理论，管理者与施工人员之间的沟通、信任、认知等有助于施工人员积极参与安全相关活动或作出努力使项目达到安全以作为对管理者的回报。因此提出本假设并分别提出假设H_{8a}～H_{8c}。

H_{8a}：社会资本结构维度在管理行为对安全参与行为的影响关系中起正向调节作用

H_{8b}：社会资本关系维度在管理行为对安全参与行为的影响关系中起正向调节作用

H_{8c}：社会资本认知维度在管理行为对安全参与行为的影响关系中起正向调节作用

第7章　管理者行为对施工人员安全行为影响关系的假设检验：社会资本的调节作用

本章主要利用获取的样本数据，采用结构方程模型的理论与方法对第6章提出的假设进行检验。根据提出的相关假设，假设检验主要分为两个方面：一是对管理者行为与施工人员安全行为之间的假设检验；二是对社会资本调节作用的假设检验，深入分析管理者和施工人员之间社会资本的作用情况。

7.1 问卷设计与数据获取

为利用大样本数据对上述构建的理论模型和提出的研究假设进行实证分析，需要设计相应的测量量表和调查问卷，选取合适的调查对象并收集相关数据，进而为实证分析提供数据支持。本节主要包括相关调查问卷的设计、问卷的发放与数据收集等三个方面的内容。

7.1.1 问卷设计的途径与过程

问卷是以问题或陈述性的语句记载所调查内容的一种形式，通过对被调查者的访问获取其对调查内容的态度或意见，进而将获取的信息或数据转化为研究变量的测量值。根据Jack和Clark[190]的研究，利用调查问卷获取数据可以总结出以下三个方面的优点：一是数据收集的成本低，并且可以在短时间内获取大量的样本数据；二是可以利用相关方法和软件将测量变量进行量化，进而对所研究的问题进行量化分析；三是可以利用获取的数据对所提出的研究假设或理论进行验证，从而为研究内容提出支持。本章在案例研究的基础上提出了相应的理论模型和研究假设，进一步利用调查问卷的方法获取大样本数据并进行实证分析是合理且必要的。

1. 问卷设计的途径

根据以往相关研究，问卷设计的途径主要分为两个类别：一是利用以往成熟的量表进行问卷设计，这主要是因为一方面成熟量表具有比较好的信度和效度，另一方面使用成熟量表能够节省一定的时间和物力等[191]。二是创建新的量表，这也主要是基于两个方面的考虑，一方面是有些变量属于新变量，并没有比较成熟的量表，另一方面是由于许多成熟的量表是基于一定的文化背景设计的，当所研究新问题的文化背景与以往量表立足的文化背景差异比较大时也应当重新设计测量量表[192]。此外，即使测量量表是立足于相同的文化背景下设计的，但如果设计依据的行业背景、经济背景等其他环境因素不同或发生变化时，也有必要进行新的测量量表的设计或者对个别变量进行修正和完善。

本章所研究的变量主要包括以下3个：管理者行为(可进一步分为领导行为和管理行为)、施工人员安全行为(可进一步分为安全遵守行为和安全参与行为)、社会资本(可进一步分为结构维度、关系维度和认知维度)。各个变量均得到了国内外学者的广泛研究，但所形成的测量量表情况都具有不同的特点。如管理者行为中的领导行为，施工人员的安全遵守行为、安全参与行为等已经有了比较成熟的量表，但管理者管理行为和制度因素的测量并没有比较成熟的量表。社会资本变量虽然国内外均有了比较广泛的研究，但并没有形成比较成熟的量表，且社会资本在我国建筑施工领域的应用也比较少，不存在比较完整的量表，需要针对建筑施工行业的具体情况设计相应的量表。对此，本章采取借鉴以往成熟量表和新设计量表两种途径进行量表设计，进而形成本章研究的完整问卷。

2. 问卷设计的过程

根据上述对问卷设计途径的分析并借鉴以往相关研究的经验，本章问卷设计的过程主要包括以下6个步骤，如图7.1所示。

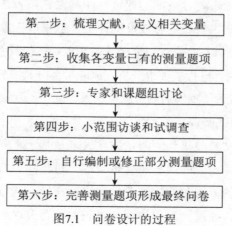

图7.1　问卷设计的过程

(1) 梳理文献，定义相关变量

在进行变量测量题项设计和问卷设计前，首先应当明确各变量的概念与内涵，根据研究问题对各变量进行重新定义，从而为下文测量题项的开发和问卷设计提供依据。本部分内容主要通过梳理以往的相关研究文献，借鉴已有研究成果对研究变量的概念与内涵作总结与对比分析，并结合本章研究的背景和问题对各变量进行重新定义。关于本章变量内涵与定义的分析主要在上文国内外研究现状与相关理论基础部分，在此不再赘述。

(2) 收集各变量已有的测量题项

根据本章关于问卷设计途径的划分，采取借鉴已有成熟量表和新开发量表两种方式进行问卷设计，其中新开发量表也大部分是在已有量表的基础上进行修正和完善的。因此，在明确了各变量的定义之后，需要对各变量是否存在已有量表进行收集整理，从而为下面变量测量题项的修正和自行编制提供基础。本部分内容同样通过整理已有研究文献得出，其中对国外文献中的测量题项收集主要采取回译的方法进行，即首先将英文的测量题项翻译成中文，其次由其他不熟悉量表但精通英语的人将测量题项的中文回译成英文，最后对比分析回译后的英文与原文的差别之处，有针对性地对翻译来的测量题项进行修正，并尽可能地与原文意思保持一致。

(3) 专家和课题组讨论

在对测量题项进行初步收集整理之后，需要对各测量题项所表达的含义进行评价，也称为对测量量表内容效度的评价，即测量题项表达的内容与所要研究内容的一致性程度。对测量量表内容效度的评价一般采取专家评价法，对此本章邀请了两位在施工安全领域具有资深研究经验的学者和三位具有丰富工作经验的项目经理对问卷所表达的内容进行了评价分析，删除了部分具有重复内容的测量题项，修正了部分具有歧义或不易理解的测量题项，以尽量保证测量量表简洁易懂。

(4) 小范围访谈和试调查

由于依据国内外文献收集到的测量题项大多是基于不同国情、不同文化和行业背景，是否适合本章研究的问题还有待验证，对此，一般通用的做法是进行小范围的访谈和试调查的方法对初始测量量表进行评价。选取对象主要是部分企业中的管理人员和工人，通过一对一访谈和量表的填写发现一些测量题项在表达内容和方式上的不足之处，从而进行修正和完善，以使量表能够更好地适合所要研究的企业。

(5) 自行编制或修正部分测量题项

在通过对初始测量题项的收集、专家讨论和小范围的试调查之后，本章在相关理论的基础上，结合本章研究的实践问题对部分测量题项进行了自行开发，以更合理、全面地表达所要测量的变量。此外，还根据上述过程有针对性地对部分题项进行内容和语句上的修正，使最终量表能够简明扼要、通俗易懂。

(6) 完善测量题项形成最终问卷

通过上述步骤，将各个变量的测量题项进行归纳整理，形成最终的测量量表，加上对研究对象基本信息的描述，在问卷设计一系列原则的基础上，设计形成最终问卷。

7.1.2　测量题项设计

由上文所述，本章主要包括社会资本、管理者行为、施工人员安全行为三个研究变量，测量题项的设计也主要围绕三个部分进行。下面对各个变量初始测量题项设计的过程与内容进行阐述。

1. 社会资本初始测量题项

根据上文对社会资本内涵和测度相关研究和理论的分析，本章采取Nahapiet和Ghoshal[143]对社会资本的划分方法对施工企业管理者与工人之间的社会资本进行测量，即将社会资本分为三个维度：结构维度、关系维度和认知维度。结构维度主要测量主体之间的联系频率与密切程度，关系维度主要测量主体之间的互惠性规范、信任、感情等情况，认知维度主要测量主体之间的共同语言、共同价值观等情况。由于这类测量方式与内容能够较为清晰地说明不同维度社会资本的构成要素，有助于厘清所要研究变量之间的关系，已经被广泛应用在各类企业和部门社会资本的研究之中。对此，本章梳理了国内外高水平文献中对社会资本测量题项的描述，具体如附录表1所示。

根据上文关于问卷设计途径和过程的阐述，在梳理国内外相关文献关于社会资本测量题项的基础上，邀请了三位专家和课题组相关人员对题项所述内容进行了分析与评价，一方面对重复或不适用施工安全领域的题项进行了删除和修正，另一方面对外文翻译过来的题项以及其他不易理解的题项进行了修正完善。下面对社会资本初始测量量表的修正过程进行简要阐述。

(1) 社会资本结构维度测量题项的修正

首先,对表述意思重复的题项进行合并。其中SCS5、SCS6、SCS9和SCS10四个题项表达的意思均是被调查者与组织内其他人员之间就工作问题的讨论、发表意见等活动,虽然侧重不一样,但表达意思与SCS7中表示的"您通常会与其他成员交换意见和想法"重复,因此将上述四个题项删除。其次,对各题项在建筑施工安全领域的适用性进行了评价。由于本章调查的是施工项目部内管理者与施工人员的社会资本,因此将具有"他人"和"工作问题"等字眼的语句修正为"项目部内管理者"和"施工安全问题",从而使研究对象和研究问题更加明确。最后,对外文翻译过来的题项进行修正完善,并根据各个题项之间的逻辑关系调整了的顺序,各题项的语句和顺序可见本章形成的最终问卷。经过初步修正之后,社会资本结构维度测量题项总计10个。

(2) 社会资本关系维度测量题项的修正

首先,对表述意思重复的题项进行删除与合并。主要包括SCR5、SCR6、SCR7、 SCR17与SCR4中表述的"您能与他人相互支持"的意思具有重复性,SCR9、SCR10、SCR11、 SCR25、SCR26、SCR27与SCR3中表述的"您与他人的互相信任"的意思具有重复性,SCR15、SCR16、SCR13与SCR14表达的意思具有重复性,因此对上述具有重复意思的题项进行了删除与合并。其次,对于各题项在建筑施工安全领域的适用性进行了评价。其中SCR1中关于"您在工作过程中存在损人利己的趋向"表述太过直白,不易得到准确的答案,故修改为"您在工作过程中具有奉献精神";SCR20中关于"将知识泄露给他人"的表述不适用于建筑施工安全领域,因此进行了删除。此外,将题项中的"组织""他人""工作问题"等字眼修改为"项目部""管理者"和"施工安全问题"等,从而使调查对象和调查问题更加明确。最后,对外文翻译过来的题项进行了修正完善,并根据各个题项之间的逻辑关系调整了顺序,各题项的语句和顺序可见本章形成的最终问卷。经过初步修正之后,社会资本结构维度测量题项总计12个。

(3) 社会资本认知维度测量题项的修正

首先,对表述意思重复的题项进行删除与合并。主要包括题项SCC4所表述的"您能很好地理解他人所用的专业术语"意思与SCC3重复,SC5所表述的

"针对突发事件，您使用专业术语"的意思与SCC6重复，SCC11、SCC12、SCC13、SCC14所表达的意思主要为被调查者在工作过程中的目标、对重要问题的认识以及与他人认识的一致性，这与题项SCC8、SCC9、SCC10所表述的具体方面具有重复性，因此对上述题项予以删除与合并。其次，对各个题项在建筑施工领域的适用性进行了评价，同样将"组织""他人""工作问题"等字眼修改为"项目部""管理者"和"施工安全问题"等，从而使调查对象和调查问题更加明确。最后，对外文翻译过来的题项进行修正完善，并根据各个题项之间的逻辑关系调整了顺序，各题项的语句和顺序可见本章形成的最终问卷。经过初步修正之后，社会资本结构维度测量题项总计8个。

2. 管理者行为初始测量题项

根据上文对管理者行为相关研究和管理者行为相关理论的梳理与分析，结合第3章案例分析和理论模型的构建，本章借鉴Avolio等[10]、Jung和Avolio[193]、Barling等[80]、Clarke[11]等研究依据管理者行为的不同性质将管理者的行为分为领导行为和管理行为两类。根据领导行为理论，可以把管理者领导行为进一步划分为变革型领导行为和交易型领导行为。通过对相关文献的梳理，可以得到对管理者行为初始测量量表，如附录表2所示。

同理，根据上文关于问卷设计途径和过程的阐述，邀请了三位专家和课题组相关人员对题项所述内容进行了分析与评价，一方面对重复或不适用施工安全领域的题项进行了删除和修正，另一方面对外文翻译过来的题项以及其他不易理解的题项进行了修正完善。下面对管理者行为初始测量量表的修正过程进行简要阐述。

(1) 管理者领导行为测量题项的修正

首先，考察题项中是否有表述意思重复的题项，通过讨论发现上述题项表达的意思各有侧重，重复性不大，因此不对题项进行删除和合并。其次，对各题项在建筑施工安全领域的适用性进行了评价。由于本章调查的是施工项目部内管理者的领导行为，因此将"工作问题"等字眼修正为"施工安全问题"，如将题项TFLB4改为"管理者会与员工积极地讨论安全施工问题"，将题项TFLB11改为"管理者注重安全培训和教育"，从而使研究对象和研究问题更加明确。最后，对外文翻译过来的题项进行修正完善，并根据各个题项之间的逻辑关系调整了顺序，各题项的语句和顺序可见本章形成的最终问卷。经过初步修正之后，管理者领导行为测量题项总计19个，其中变革型领导行为题项为11个，交易型领导行为题项为8个。

(2) 管理者管理行为测量题项的修正

首先，考察题项中是否有表述意思重复的题项。其中题项MB4和MB5的重复性较大，均是表示管理者对安全问题进行定期检查并整改的问题，因此对两题项进行了合并，其他题项之间的重复性不大，因此不对题项进行删除和合并。其次，对各题项在建筑施工安全领域的适用性进行了评价。由于上文梳理的题项也是来源于对建筑企业、煤矿企业安全问题的研究，对本章关于施工项目部内管理者管理行为的适用性较强，不作过多修改。最后，对外文翻译过来的题项进行修正完善，并根据各个题项之间的逻辑关系调整了顺序，各题项的语句和顺序可见本章形成的最终问卷。经过初步修正之后，管理者管理行为测量题项总计9个。

3. 施工人员安全行为初始测量题项

根据上文对施工人员安全行为相关文献的分析，可以发现施工人员安全行为可以进一步划分为多种具体的行为，如遵守行为、参与行为、谨慎行为、主动行为、积极安全行为和公民安全行为等。这些行为虽然称谓不一样，但具体包含的意思却有相似性。本章主要借鉴应用比较广泛、认同度较高的安全行为分类和测量方法，将施工人员安全行为分为安全遵守行为和安全参与行为[170]，前者指对安全规范、规程、指令的遵守情况，后者指自觉、主动参与提高安全绩效的活动和行为。通过对相关文献的梳理，可以得到施工人员安全行为初始测量题项的测量量表，如附录表3所示。

同理，邀请了三位专家和课题组相关人员对题项所述内容进行了分析与评价，一方面对重复或不适用于施工安全领域的题项进行了删除和修正，另一方面对外文翻译过来的题项以及其他不易理解的题项进行了修正完善。下面对施工人员安全行为初始测量量表的修正过程进行简要阐述。

(1) 安全遵守行为测量题项的修正

首先，考察是否有表述意思重复的题项。通过分析，发现题项SCB3、SCB12与SCB1、SCB2表达意思相反，但SCB1和SCB2能包含SCB3和SCB12所表达的意思，因此将题项SCB3和SCB12剔除。题项SCB5、SCB6、SCB9、SCB12

所表述的"在最安全的方式下工作""具有安全习惯""确保高度的安全水平"等词语表达意思相近，将其合并为一个题项，即"您会在周围环境处于安全状态时进行工作"。题项SCB10中对于"及时报告疾病事故等行为"的阐述应当属于安全参与行为，因此将其剔除。其次，对各题项在建筑施工安全领域的适用性进行了评价。由于题项多来源于专门对施工企业安全问题的研究，适用性较强，因此并未作过多改动。最后，对外文翻译过来的题项进行修正完善，并根据各个题项之间的逻辑关系调整了顺序，各题项的语句和顺序可见本章形成的最终问卷。经过初步修正之后，施工人员安全遵守行为的测量题项总计7个。

(2) 安全参与行为测量题项的修正

首先，考察是否有表述意思重复的题项。通过分析，发现题项SPB1所述"在同事处于不利情形时对其进行帮助"与SPB13、SPB14所述的意思具有重复性，因此剔除题项SPB1。题项SPB3、SPB4、SPB7所述"积极参与对提升工作环境、工作场所安全性的活动"具有重复性，因此对此三个题项进行合并，改为"您会参加一些活动或任务以改善工作场所的安全情况"。题项SPB5所述"在施工安全方面表达自己的观点"、SPB12"参与讨论安全事务讨论"与题项SPB8、SPB15所述意思具有重复性，因此对题项SPB5和SPB12进行剔除。题项SPB6和SPB9所述意思具有重复性，即"与管理者积极沟通安全问题"，因此对两题项进行合并。其次，对各题项在建筑施工安全领域的适用性进行了评价。由于题项多来源于专门对施工企业安全问题的研究，适用性较强，因此并未作过多改动。最后，对外文翻译过来的题项进行修正完善，并根据各个题项之间的逻辑关系调整了顺序，各题项的语句和顺序可见本章形成的最终问卷。经过初步修正之后，施工人员安全遵守行为的测量题项总计11个。

7.1.3　问卷调查与数据收集

1. 问卷试调查

根据问卷设计的途径和过程，在通过专家和课题组对初始测量题项的讨论和评价之后，应当针对测量题项进行小范围的访谈和问卷试调查，以进一步确定各测量题项的准确性和有效性。

本次试调查主要选取了国内施工项目较多、人员较密集的中东部地区，包括北京、天津、河北、山东、上海、江苏等，从而能够较广泛地收集对调查问卷的意见和建议。本次调查共发出问卷60份，由12名课题组成员各负责5份问卷，分别前往上述地区对工程项目的管理者和施工人员进行初步的访谈和调查，最终回收有效问卷52份。

在此基础上，本章主要从以下三个方面对初步调查回收的访谈信息和有效问卷进行了分析与完善：①问卷所使用的语言和表达方式是否易于理解；②问卷中是否有表达意思重复的题项和多余的题项；③针对调研问题，是否有需要增加的题项。据此，对调查问卷进行了进一步的修正完善，形成了最终问卷。

2. 最终问卷确定

通过上述分析过程，形成了本章调查的最终问卷。问卷主要包含三部分内容：第一部分为所调查项目的基本信息，包括项目名称、项目所在地区、项目类型、结构类型等；第二部分为问卷的主要调查内容，是对社会资本、施工人员安全行为和管理者行为等要素的测量，其中社会资本方面共计28个题项，施工人员安全行为方面共计20个题项，管理者行为方面共计28个题项；第三部分为所调查人员的基本信息，包括调查者的性别、年龄、受教育情况、职位、工作年限等信息。

3. 问卷发放与回收

最终问卷确定后，本章进行了大样本的问卷发放与回收。发放对象主要为国内建筑业发展较快的中东部城市，发放形式包括电子邮箱、现场发放、邮寄发放和网上获取四种。共计发放问卷600份，回收问卷535份，回收率为89.17%。问卷的发放与回收形式如表7.1所示。

表7.1　问卷的发放与回收形式

形式	发放数量	回收数量
电子邮箱	37	23
现场发放	60	45
邮寄发放	490	457
网上获取(问卷星)	13	13
总计	600	535

问卷回收之后，按照廖中举[192]的观点对无效问卷的数据进行剔除，主要从以下三个方面进行：①问卷第二部分漏填题项累计超过总题项数的10%；②问卷所有题项的回答具有规律性，如所有题项的回答相同，或出现规律性的反复回答；③单选题而出现两个及以上回答的。通过上述筛选，共得到有效问卷457份，有效问卷回收率为76.17%。

7.2　数据质量检验

在进行实证研究之前，需要对所用数据的可靠性和有效性进行检验，一方面通过数据的描述性统计分析对样本数据代表性的检验，另一方面通过探索性因子分析、CITC分析和内部一致性信度检验以及验证性因子分析对样本数据的信度和效度的检验[194]。

7.2.1　数据的描述性统计分析

1. 样本项目特征的描述性统计分析

样本项目特征的描述性统计分析如表7.2所示，共包括93个工程项目。就项目分布地区而言，主要分布在中东部地区，其中位于天津市和河北省内的项目较多，分别为37个和34个，占到总项目数的39.78%和36.56%，其余项目较均匀地分布在北京市、河南省、湖北省等地。所调查项目能够在一定程度上代表国内各地区工程项目的特点。

就项目类型而言，主要包括民用建筑工程、工业建筑工程和市政公用工程等，所调查数量分别为59个、11个和13个，占到总项目数的63.44%、11.83%和13.98%。所调查项目以民用建筑项目居多，且民用建筑项目的施工环节与其他两类项目相比较为复杂，涉及的安全风险更高，能够较好地反映本章调查的问题。

就结构类型而言，主要包括框架结构、框剪结构、短肢剪力墙、钢结构和砖混结构等，分别占到总项目数的18.28%、51.61%、6.45%、3.23%、6.45%。所调查项目以框架结构和框剪结构居多，能够代表现阶段我国工程项目的一般特点。

表7.2　样本项目特征的描述性统计(N=93)

统计内容	分类	频数	百分比(%)
地区	北京市	4	4.30
	天津市	37	39.78
	河北省	34	36.56
	河南省	3	3.23
	湖北省	4	4.30
	江苏省	3	3.23
	广东省	2	2.15
	陕西省	3	3.23
	山西省	1	1.08
	四川省	2	2.15
项目类型	民用建筑工程	59	63.44
	工业建筑工程	11	11.83
	市政公用工程	13	13.98
	其他	10	10.75
结构类型	框架	17	18.28
	框剪	48	51.61
	短肢剪力墙	6	6.45
	钢结构	3	3.23
	砖混	6	6.45
	其他	23	24.73

2. 样本被调查者特征的描述性统计分析

样本被调查者特征的描述性统计分析如表7.3所示，主要包括457名施工人员。就性别而言，被调查者中男性的数量为436位，占总被调查人数的95.40%；女性的数量为21位，占总被调查人数的4.60%，性别比例符合工程项目的特点。

就年龄而言，将被调查者的年龄分为四档，其中18～30岁的被调查者为129位，占总被调查人数的28.23%；31～40岁的被调查者为155位，占总被调查人数的33.92%；41～50岁的被调查者为147位，占总被调查者人数的32.17%；51岁以上的被调查者为26位，占总被调查人数的5.69%。被调查者年龄多集中在18～50岁之间，与实践中施工人员的年龄分布情况具有较好的一致性。

就受教育程度而言，按照学历将被调查者分为六档，其中具有小学学历的被调查者为48位，占总被调查者人数的10.50%；具有初中学历的被调查者为200位，占总被调查者人数的43.76%；具有中专学历的被调查者为47位，占总被调查者人数的10.28%；具有高中学历的被调查者为130位，占总被调查者人数的28.45%；具有大专学历的被调查者为23位，占总被调查者人数的5.03%；具有本科及以上学历的被调查者为9位，占总被调查者人数的1.97%。被调查者的学历多集中在初中及高中层次，具有大专、本科及以上学历的施工人员较少，这也与进城务工人员占我国施工人员的大多数有关。

就工作年限而言，按照工作时间将被调查者分为五档，其中工作时间在5年及以下的被调查者为114位，占总被调查人数的24.95%；工作时间在6～10年的被调查者为131位，占总被调查人数的28.67%；工作时间在11～15年的被调查者为82位，占总被调查人数的17.94%；工作时间在16～20年的被调查者为70位，占总被调查人数的15.32%；工作时间在21年及以上的被调查者为60位，占总被调查人数的13.13%。被调查者工作时间分布较为均衡，能够广泛代表施工人员的工作年限特征。

就工种而言，被调查者涵盖了工程项目中人数较多的工种，其中木工为117位，占总被调查人数的25.60%；钢筋工为97位，占总被调查人数的21.23%；水暖工为34位，占总被调查人数的7.44%；架子工为32位，占总被调查人数的7.00%；电工为24位，占总被调查人数的5.25%；保温工为19位，占总被调查人数的4.16%；瓦工为19位，占总被调查人数的4.16%；其他工种为115位，占总被调查人数的25.16%。总体来说，能够广泛代表各个施工过程中施工人员的情况。

表7.3　样本被调查者特征的描述性统计(N=457)

统计内容	分类	频数	百分比(%)
性别	男	436	95.40
	女	21	4.60
年龄	18～30岁	129	28.23
	31～40岁	155	33.92
	41～50岁	147	32.17
	51岁以上	26	5.69

(续表)

统计内容	分类	频数	百分比(%)
受教育程度	小学	48	10.50
	初中	200	43.76
	中专	47	10.28
	高中	130	28.45
	大专	23	5.03
	本科及以上	9	1.97
工作年限	5年及以下	114	24.95
	6~10年	131	28.67
	11~15年	82	17.94
	16~20年	70	15.32
	21年及以上	60	13.13
工种	木工	117	25.60
	钢筋工	97	21.23
	水暖工	34	7.44
	架子工	32	7.00
	电工	24	5.25
	保温工	19	4.16
	瓦工	19	4.16
	其他	115	25.16

3. 缺失值处理及样本数据的评价

由于被调查者的粗心大意或有意不回答某个问题，导致回收的个别问卷中存在缺失值。在进行实证分析前，需要对数据的缺失值进行查找和处理。目前常用的处理缺失值的方法主要包括：一是将所有缺失的数据用零来替代；二是删除有缺失数据的样本；三是为具有缺失值的题项建立一个专门的模型，通过模型求解计算缺失值；四是计算具有缺失值题项的均值或中值，使用均值或中值替换缺失值；五是利用相关软件中的功能计算缺失值。由于第一种和第二种方法容易丢掉有用的信息，第三种方法较为复杂，因此本章选择常用的利用均值的方法计算缺失值，通过计算缺失题项所有样本的均值来替换缺失项的值。

对样本数据的评价主要通过相关检验判断样本数据是否符合正态分布，进而确定下文实证分析所用的估计方法。正态分布检验常用的方法包括直方图检验、Q-Q图检验、峰度值系数和偏度值系数以及K-S检验和S-W检验等[195]，其中K-S检验适用于样本量大于1000的数据，S-W检验适用于样本数量相对较少的数据。对此，本章选取常用的峰度系数和偏度系数与S-W检验共同判断样本数据的正态性。利用SPSS软件计算结果如表7.4所示。

表7.4　样本数据正态性检验结果(N=457)

测量题项	均值	标准差	峰度系数		偏度系数		S-W检验	
			峰度值	标准误	偏度值	标准误	统计值	显著性
SCS1	3.69	0.969	0.611	0.228	-0.719	0.114	0.862	0.000
SCS2	3.86	0.871	0.065	0.228	-0.461	0.114	0.861	0.000
SCS3	3.79	0.872	0.212	0.228	-0.552	0.114	0.864	0.000
SCS4	3.86	0.928	-0.335	0.228	-0.461	0.114	0.868	0.000
SCS5	3.72	0.817	-0.352	0.228	-0.189	0.114	0.866	0.000
SCS6	3.43	0.886	-0.138	0.228	-0.293	0.114	0.885	0.000
SCS7	3.69	0.847	0.066	0.228	-0.305	0.114	0.869	0.000
SCS8	3.44	1.273	-0.942	0.228	-0.392	0.114	0.888	0.000
SCS9	3.50	1.028	-0.227	0.228	-0.538	0.114	0.886	0.000
SCR1	3.84	0.843	0.292	0.228	-0.547	0.114	0.857	0.000
SCR2	3.91	0.787	0.505	0.228	-0.597	0.114	0.836	0.000
SCR3	3.93	0.832	0.374	0.228	-0.572	0.114	0.849	0.000
SCR4	3.91	0.880	1.130	0.228	-0.851	0.114	0.838	0.000
SCR5	3.96	0.939	1.532	0.228	-1.153	0.114	0.809	0.000
SCR6	4.00	0.870	1.337	0.228	-0.980	0.114	0.822	0.000
SCR7	3.95	0.871	-0.259	0.228	-0.535	0.114	0.853	0.000
SCR8	4.11	0.716	0.855	0.228	-0.602	0.114	0.806	0.000
SCR9	4.01	0.826	0.609	0.228	-0.693	0.114	0.837	0.000
SCR10	3.98	0.835	0.497	0.228	-0.709	0.114	0.839	0.000
SCR11	3.96	0.838	0.766	0.228	-0.738	0.114	0.839	0.000
SCC1	3.67	0.883	0.468	0.228	-0.527	0.114	0.867	0.000
SCC2	3.78	0.819	0.671	0.228	-0.634	0.114	0.846	0.000
SCC3	4.07	0.907	-0.238	0.228	-0.648	0.114	0.832	0.000
SCC4	3.73	0.910	-0.124	0.228	-0.546	0.114	0.865	0.000

(续表)

测量题项	均值	标准差	峰度系数		偏度系数		S-W检验	
			峰度值	标准误	偏度值	标准误	统计值	显著性
SCC5	3.80	0.773	1.133	0.228	-0.676	0.114	0.828	0.000
SCC6	3.85	0.877	0.844	0.228	-0.740	0.114	0.849	0.000
SCC7	3.91	0.819	1.462	0.228	-0.886	0.114	0.822	0.000
SCC8	4.12	0.801	2.106	0.228	-1.096	0.114	0.793	0.000
SCB1	4.38	0.750	2.753	0.228	-1.374	0.114	0.739	0.000
SCB2	4.38	0.677	0.859	0.228	-0.926	0.114	0.751	0.000
SCB3	4.34	0.692	0.995	0.228	-0.879	0.114	0.767	0.000
SCB4	4.25	0.679	1.682	0.228	-0.866	0.114	0.763	0.000
SCB5	4.30	0.671	0.678	0.228	-0.739	0.114	0.768	0.000
SCB6	4.22	0.705	0.348	0.228	-0.605	0.114	0.796	0.000
SCB7	4.24	0.744	1.343	0.228	-0.893	0.114	0.789	0.000
SPB1	4.25	0.723	0.464	0.228	-0.775	0.114	0.787	0.000
SPB2	4.26	0.750	1.302	0.228	-0.973	0.114	0.784	0.000
SPB3	4.16	0.808	0.147	0.288	-0.691	0.114	0.818	0.000
SPB4	4.35	0.704	-0.064	0.228	-0.770	0.114	0.770	0.000
SPB5	4.16	0.719	0.141	0.228	-0.571	0.114	0.806	0.000
SPB6	4.18	0.717	0.352	0.228	-0.646	0.114	0.799	0.000
SPB7	3.93	0.807	-0.421	0.228	-0.354	0.114	0.850	0.000
SPB8	3.85	0.900	0.168	0.228	-0.528	0.114	0.858	0.000
SPB9	4.35	0.685	0.678	0.228	-0.860	0.114	0.762	0.000
SPB10	4.19	0.719	0.696	0.228	-0.700	0.114	0.799	0.000
SPB11	4.13	0.713	0.277	0.228	-0.561	0.114	0.805	0.000
SPB12	3.93	0.850	-0.255	0.228	-0.525	0.114	0.847	0.000
SPB13	4.25	0.704	-0.119	0.228	-0.586	0.114	0.794	0.000
TFLB1	3.93	0.851	0.634	0.228	-0.718	0.114	0.845	0.000
TFLB2	4.11	0.735	0.964	0.228	-0.748	0.114	0.801	0.000
TFLB3	4.15	0.683	0.981	0.228	-0.615	0.114	0.790	0.000
TFLB4	4.21	0.705	0.928	0.228	-0.728	0.114	0.791	0.000
TFLB5	4.07	0.740	-0.354	0.228	-0.373	0.114	0.826	0.000
TFLB6	4.16	0.711	0.918	0.228	-0.642	0.114	0.800	0.000
TFLB7	4.07	0.728	0.166	0.228	-0.450	0.114	0.821	0.000

(续表)

测量题项	均值	标准差	峰度系数		偏度系数		S-W检验	
			峰度值	标准误	偏度值	标准误	统计值	显著性
TFLB8	4.19	0.662	1.049	0.228	-0.591	0.114	0.780	0.000
TFLB9	4.20	0.689	-0.561	0.228	-0.359	0.114	0.800	0.000
TFLB10	4.23	0.682	0.820	0.228	-0.654	0.114	0.785	0.000
TFLB11	4.35	0.702	0.712	0.228	-0.925	0.114	0.761	0.000
TSLM1	4.12	0.751	1.436	0.228	-0.787	0.114	0.804	0.000
TSLM2	4.10	0.780	0.405	0.228	-0.642	0.114	0.825	0.000
TSLM3	4.06	0.703	3.083	0.228	-1.003	0.114	0.765	0.000
TSLM4	4.02	0.844	1.085	0.228	-0.947	0.114	0.813	0.000
TSLM5	4.22	0.747	1.315	0.228	-0.919	0.114	0.790	0.000
TSLM6	3.41	1.225	-1.094	0.228	-0.269	0.114	0.886	0.000
TSLM7	3.29	1.298	-1.292	0.228	-0.177	0.114	0.872	0.000
TSLM8	3.09	1.342	-1.314	0.228	0.035	0.114	0.883	0.000
MB1	4.12	0.769	0.488	0.228	-0.710	0.114	0.816	0.000
MB2	4.13	0.702	0.147	0.228	-0.497	0.114	0.805	0.000
MB3	4.19	0.742	-0.730	0.228	-0.766	0.114	0.802	0.000
MB4	4.14	0.693	1.090	0.228	-0.670	0.114	0.790	0.000
MB5	4.15	0.737	0.571	0.228	-0.671	0.114	0.809	0.000
MB6	4.24	0.740	0.237	0.228	-0.747	0.114	0.795	0.000
MB7	4.16	0.728	1.838	0.228	-0.897	0.114	0.788	0.000
MB8	4.13	0.748	1.183	0.228	-0.814	0.114	0.803	0.000
MB9	4.14	0.813	-0.421	0.228	-0.582	0.114	0.822	0.000

　　由表7.4可知，各题项数据S-W检验的显著性概率值均为0.000，小于0.05，说明达到了0.05的显著性水平，拒绝正态分布的虚无假设，数据分布违反严格的正态性。从各题项数据的峰度系数和偏度系数而言，Kline[196]指出，若变量偏度系数大于3、峰度系数大于8，说明样本分布不为正态，反之可认为数据近似服从正态分布。上表大部分题项的峰度系数和偏度系数的绝对值均小于1，少数题项如SCR4、SCR5、SCR6等的峰度系数或偏度系数的绝对值呈现出大于1小于2的结果，所有题项均满足偏度系数小于3、峰度系数小于8的要求，因此，可认为样本数据呈现正态分布特点。

7.2.2　变量的质量和结构分析

变量的质量和结构分析主要是指对变量的信度和效度进行检验，以判断样本数据是否具有可靠性和有效性。信度主要是指样本数据是否具有可靠性和内部一致性，主要利用内部一致性检验进行判定；效度是指样本数据的有效性，即能够有效地反映要测量的变量。效度分析又可以分为内容效度、收敛效度和区别效度。内容效度是对题项所表达的内容有效性和准确性的判断，主要采取与以往文献对比分析和专家评价的方法。本章在设计问卷的过程中对此已进行了分析完善，能够保证问卷具有较好的内容效度。收敛效度和区别效度通过下文的验证性因子分析进行判定。

本章将样本数据随机均分成两部分，分别进行探索性因子分析、CITC分析和内部一致性信度检验与验证性因子分析。采用228个样本数据进行探索性因子分析、CITC和内部一致性信度检验以明确变量的内部结构并进行测量题项的净化和信度分析；采用229个样本数据进行验证性因子分析，以进一步验证变量的结构和维度划分。

1. 探索性因子分析

根据Gorsuch[197]提出的进行因子分析的条件，样本量与测量题项的数量之比应大于5∶1，理想情况为大于10∶1，但一般情况下样本量大于测量题项5倍的就可以达到稳定的结果，且样本数大于100。本章采用228个样本进行探索性因子分析，涉及社会资本、施工人员安全行为和管理者行为三部分内容，其中单一部分最大题项数为28，样本数与题项数比例为8.14∶1，符合因子分析的要求。

此外，在进行探索性因子分析之前，还应当对样本数据进行KMO值的计算和Bartlett球形度检验，以判断是否适合进行因子分析。同样利用SPSS软件进行计算，结果如表7.5所示。

表7.5　KMO值和Bartlett球形度检验结果

变量内容	KMO值	Bartlett球形度检验		
		近似卡方	自由度	显著性
社会资本	0.960	5160.420	378	0.000
施工人员安全行为	0.938	2919.970	190	0.000
管理者行为	0.944	4311.335	378	0.000

　　由表7.5可知，社会资本、施工人员安全行为与管理者行为三个方面的KMO值分别为0.960、0.938、0.944，均大于0.5，且Bartlett球形度检验的显著性概率值均小于0.001，因此，说明三个变量均非常适合进行探索性因子分析。

　　同样利用SPSS软件进行探索性因子分析，采用主成分分析的方法提取各变量特征值大于1的公因子，采用最大方差法进行因子旋转，借鉴廖中举[192]对测量题项删除的标准：因子载荷小于0.5或对应两个公因子的因子载荷均大于0.5。经计算，可得各变量探索性因子分析的结果分别如表7.6～7.8所示。

表7.6　社会资本因子解释方差和旋转成分矩阵

维度划分	题项	成分		
		1	2	3
结构维度	SCS1	0.340	0.476	0.192
	SCS2	0.468	0.494	0.252
	SCS3	0.483	0.595	0.145
	SCS4	-0.045	0.712	0.323
	SCS5	0.486	0.593	0.125
	SCS6	0.478	0.496	0.153
	SCS7	0.483	0.611	0.200
	SCS8	-0.003	0.836	0.255
	SCS9	0.234	0.792	0.125
关系维度	SCR1	0.741	0.207	0.774
	SCR2	0.175	0.218	0.787
	SCR3	0.262	0.361	0.707
	SCR4	0.257	0.133	0.790
	SCR5	0.477	0.122	0.382
	SCR6	0.478	0.252	0.227
	SCR7	0.378	0.478	0.532
	SCR8	0.396	0.365	0.539
	SCR9	0.355	0.170	0.682
	SCR10	0.287	0.247	0.750
	SCR11	0.346	0.240	0.689
认知维度	SCC1	0.622	0.172	0.474
	SCC2	0.635	0.150	0.379
	SCC3	0.422	0.445	0.437

维度划分	题项	成分		
		1	2	3
认知维度	SCC4	0.302	0.486	0.466
	SCC5	0.741	0.173	0.402
	SCC6	0.703	0.175	0.396
	SCC7	0.664	0.214	0.495
	SCC8	0.566	0.297	0.449
特征值		8.234	5.135	4.640
解释累计总方差(%)		29.409	47.748	64.321

注：旋转在8次迭代后收敛。

由表7.6可知，社会资本变量经过主成分分析之后提取出三个特征值大于1的主成分，其对整个变量解释累计总方差达到了64.321%，大于50%。根据各个成分中包含题项的内容和意义，结合上文相关文献分析，将三个主成分分别命名为结构维度、关系维度和认知维度。根据题项删除的原则，将各成分中不符合要求的题项进行了删除，结构维度中的SCS1、SCS2、SCS6，关系维度中的SCR1、SCR5、SCR6，认知维度中的SCC3、SCC4，此外，删除题项在基本含义上与保留题项具有一定的相似性，对该题项的删除并不影响对该变量的测量。

表7.7　施工人员安全行为因子解释方差和旋转成分矩阵

维度划分	题项	成分		
		1	2	3
安全遵守行为	SCB1	0.716	0.375	0.105
	SCB2	0.650	0.350	0.185
	SCB3	0.714	0.292	0.230
	SCB4	0.721	0.168	0.266
	SCB5	0.714	0.241	0.192
	SCB6	0.617	0.280	0.270
	SCB7	0.681	0.233	0.227
自我参与行为	SPB1	0.564	0.110	0.607
	SPB2	0.626	0.007	0.541
	SPB3	0.506	-0.003	0.668
	SPB4	0.293	0.450	0.336

（续表）

维度划分	题项	成分		
		1	2	3
自我参与行为	SPB5	0.266	0.377	0.612
	SPB6	0.281	0.476	0.606
	SPB7	0.309	0.284	0.643
	SPB8	0.076	0.324	0.717
安全利他行为	SPB9	0.127	0.708	0.272
	SPB10	0.347	0.546	0.361
	SPB11	0.315	0.801	0.138
	SPB12	0.257	0.789	-0.008
	SPB13	0.168	0.615	0.312
特征值		4.952	3.877	3.540
解释累计总方差(%)		24.759	44.142	61.843

注：旋转在7次迭代后收敛。

由表7.7可知，施工人员安全行为变量经过主成分分析之后提取出三个特征值大于1的主成分，其对整个变量解释累计总方差达到了61.843%，大于50%。根据各个成分中包含题项的内容和意义，结合上文相关文献分析，将三个主成分分别命名为安全遵守行为、自我参与行为和安全利他行为。与原假设不同的是，安全参与行为进一步细分为自我参与行为和安全利他行为两种，其中自我参与行为是指自己主动积极参与安全相关活动的行为，安全利他行为是指积极参与一些帮助他人的安全行为。根据题项删除的原则，将各成分中不符合要求的题项进行了删除，主要为自我参与行为中的题项SCB1～SCB4。删除题项在基本含义上与保留题项具有一定的相似性，对该题项的删除并不影响对该变量的测量。

表7.8　管理者行为因子解释方差和旋转成分矩阵

维度划分	题项	成分		
		1	2	3
变革型领导行为	TFLB1	0.679	0.199	0.041
	TFLB2	0.696	0.374	0.022
	TFLB3	0.585	0.363	0.025
	TFLB4	0.631	0.354	0.033
	TFLB5	0.683	0.140	0.200

(续表)

维度划分	题项	成分		
		1	2	3
变革型领导行为	TFLB6	0.603	0.457	0.076
	TFLB7	0.648	0.354	0.116
	TFLB8	0.624	0.457	0.049
	TFLB9	0.606	0.477	0.131
	TFLB10	0.709	0.186	0.163
	TFLB11	0.552	0.455	-0.004
交易型领导行为	TSLM1	0.462	0.364	0.088
	TSLM2	0.098	0.445	0.538
	TSLM3	0.499	0.335	0.202
	TSLM4	0.408	0.386	0.374
	TSLM5	0.429	0.497	0.143
	TSLM6	0.118	0.074	0.850
	TSLM7	0.125	0.063	0.899
	TSLM8	0.057	0.134	0.892
管理行为	MB1	0.504	0.509	0.228
	MB2	0.349	0.637	0.195
	MB3	0.397	0.551	0.187
	MB4	0.319	0.726	0.125
	MB5	0.314	0.744	-0.008
	MB6	0.278	0.750	0.085
	MB7	0.386	0.697	-0.097
	MB8	0.294	0.815	0.097
	MB9	0.287	0.618	0.313
特征值		7.082	6.477	2.919
解释累计总方差(%)		25.293	48.425	58.848

注：旋转在5次迭代后收敛。

由表7.8可知，施工人员安全行为变量经过主成分分析之后提取出三个特征值大于1的主成分，其对整个变量解释累计总方差达到了58.848%，大于50%。根据各个成分中包含题项的内容和意义，结合上文相关文献分析，将三个主成分分别命名为变革型领导行为、交易型领导行为和管理行为。根据上文所述题项删除的原则，将各成分中不符合要求的题项进行了删除，主要为交易型领导行为中的题项TSLM1、TSLM3、TSLM4、TSLM5。删除题项在基本含义上与保留题项具有一定的相似性，对该题项的删除并不影响对该变量的测量。

2. CITC分析和内部一致性信度检验

为进一步剔除与对应变量不相关的题项，并要求在剔除不相关题项后能够提高变量的信度值，采用CITC分析和内部一致性信度检验的方法对样本数据作进一步的分析，将CITC值为0.5时作为剔除变量题项的临界点，同样利用SPSS软件对228份样本数据进行计算，结果如表7.9所示。

表7.9　各变量的CITC值和内部一致性信度检验结果

变量	题项	CITC值	剔除该题项后的α系数	α系数	
结构维度	SCS3	0.639	0.845	0.864	
	SCS4	0.592	0.852		
	SCS5	0.624	0.848		
	SCS7	0.686	0.838		
	SCS8	0.718	0.837		
	SCS9	0.757	0.822		
关系维度	SCR2	0.684	0.895	0.906	0.974
	SCR3	0.747	0.890		
	SCR4	0.674	0.897		
	SCR7	0.705	0.894		
	SCR8	0.723	0.893		
	SCR9	0.711	0.893		
	SCR10	0.686	0.895		
	SCR11	0.678	0.896		
认知维度	SCC1	0.751	0.903	0.916	
	SCC2	0.703	0.910		
	SCC5	0.837	0.891		
	SCC6	0.781	0.899		
	SCC7	0.809	0.895		
	SCC8	0.708	0.909		

(续表)

变量	题项	CITC值	剔除该题项后的α系数	α系数	
安全遵守行为	SCB1	0.729	0.873	0.893	
	SCB2	0.700	0.876		
	SCB3	0.734	0.872		
	SCB4	0.686	0.878		
	SCB5	0.684	0.878		
	SCB6	0.658	0.881		
	SCB7	0.650	0.882		
自我参与行为	SPB5	0.664	0.787	0.832	
	SPB6	0.704	0.770		
	SPB7	0.679	0.779		
	SPB8	0.608	0.816		
安全利他行为	SPB9	0.602	0.829	0.847	0.974
	SPB10	0.612	0.827		
	SPB11	0.803	0.773		
	SPB12	0.656	0.815		
	SPB13	0.603	0.829		
变革型领导行为	TFLB1	0.629	0.911	0.916	
	TFLB2	0.744	0.904		
	TFLB3	0.670	0.908		
	TFLB4	0.655	0.909		
	TFLB5	0.596	0.912		
	TFLB6	0.704	0.906		
	TFLB7	0.682	0.908		
	TFLB8	0.728	0.905		
	TFLB9	0.723	0.906		
	TFLB10	0.642	0.909		
	TFLB11	0.647	0.909		
交易型领导行为	TSLM2	0.214	0.899	0.799	
	TSLM6	0.744	0.679		
	TSLM7	0.780	0.654		
	TSLM8	0.743	0.676		

(续表)

变量	题项	CITC值	剔除该题项后的α系数	α系数	α系数
	MB1	0.678	0.909		
	MB2	0.706	0.907		
	MB3	0.654	0.910		
	MB4	0.733	0.905		
管理行为	MB5	0.719	0.906	0.916	0.974
	MB6	0.711	0.907		
	MB7	0.698	0.907		
	MB8	0.811	0.899		
	MB9	0.647	0.911		

由表7.9可知，除测量题项TSLM2的CITC值小于0.5以外，其他题项的CITC值均大于0.5，且各维度和所有题项整体的α系数均大于0.6。由此表明，在经过探索性因子分析之后，变量各维度的结构和一致性信度均比较好，满足实证分析的要求。

3. 验证性因子分析

通过探索性因子分析明确了各变量的结构和维度划分，为进一步验证变量结构和维度划分的有效性，需要利用验证性因子对各变量进行效度检验，以检验测量题项与所要反映的各变量之间的关系，具体可以分为对相关测量模型的收敛效度、区别效度和建构信度的检验等。该部分检验利用Amos软件进行。以另外229个样本数据为基础进行计算，由于样本近似服从正态分布，因此参数估计方法选取常用的极大似然法进行计算。

(1) 收敛效度检验

收敛效度是指测量相同潜在特质的题项落在同一个因素构面(即潜在变量)上，在Amos操作中，主要体现为对各单个潜在变量测量模型适配度的检验[182]。下面以社会资本结构维度变量为例进行变量的收敛效度检验。利用Amos17.0软件进行模型的绘制并计算，初始模型计算结果如图7.2所示。

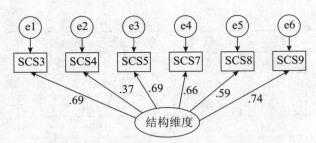

图7.2　结构维度初始模型收敛效度检验

如图7.2所示，在结构维度测量模型的初始模型中，假设所有误差项相互独立，模型计算结果显示，6个测量题项因素负荷量的C.R.值均大于1.96，说明各参数均达到了0.05的显著水平，整体模型的自由度为9，卡方自由度比值为5.377(大于适配标准3.000)，RMSEA为0.139(大于适配标准0.080)，AGFI为0.842(小于适配标准0.900)，GFI为0.932(大于适配标准0.900)，只有GFI值达到模型的适配标准，说明假设误差项独立的初始测量模型无法获得支持。因此，需要根据修正指标，逐一增列测量指标误差项间的共变关系。经两步修正之后，建立误差项e2和e5、e4和e6之间的共变关系，模型计算结果如图7.3所示。

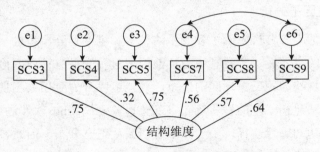

图7.3　结构维度修正模型收敛效度检验

模型检验结果显示，6个测量题项因素负荷量的C.R.值均大于1.96，说明各参数均达到了0.05的显著水平，除SCS4题项的因素负荷量小于0.50外，其他均大于0.5。就模型拟合度而言，整体模型的自由度为7，卡方自由度比值为1.914(小于适配标准3.000)，RMSEA为0.063(小于适配标准0.080)，AGFI为0.941(大于适配标准0.900)，GFI为0.980(大于适配标准0.900)，均达到模型适配标准，说明修正后的结构维度测量模型与样本数据可以契合，具有较好的收敛效度。

同理计算出其他几个变量测量模型的收敛效度，检验结果如表7.10所示。

表7.10 变量测量模型的收敛效度检验结果

变量	题项	因素负荷量	C.R.	模型适配指标				
				自由度	卡方自由度比值	RMSEA	AGFI	GFI
结构维度	SCS3	0.754	---	7	1.914	0.063	0.941	0.980
	SCS4	0.322	4.250					
	SCS5	0.748	9.206					
	SCS7	0.563	7.267					
	SCS8	0.569	7.461					
	SCS9	0.643	8.256					
关系维度	SCR2	0.817	---	15	1.768	0.058	0.930	0.971
	SCR3	0.810	13.022					
	SCR4	0.710	10.946					
	SCR7	0.460	6.078					
	SCR8	0.572	8.139					
	SCR9	0.663	9.378					
	SCR10	0.666	9.717					
	SCR11	0.700	10.210					
认知维度	SCC1	0.610	---	7	1.501	0.047	0.954	0.985
	SCC2	0.379	5.423					
	SCC5	0.536	6.576					
	SCC6	0.803	8.753					
	SCC7	0.808	8.918					
	SCC8	0.679	7.654					
安全遵守行为	SCB1	0.726	---	12	1.110	0.022	0.961	0.983
	SCB2	0.667	8.418					
	SCB3	0.674	8.278					
	SCB4	0.724	8.100					
	SCB5	0.581	7.761					
	SCB6	0.548	7.283	12	1.110	0.022	0.961	0.983
	SCB7	0.418	5.752					
自我参与行为	SPB5	0.765	---	2	2.260	0.073	0.952	0.990
	SPB6	0.796	11.163					
	SPB7	0.770	11.172					
	SPB8	0.683	9.423					

(续表)

变量	题项	因素负荷量	C.R.	模型适配指标				
				自由度	卡方自由度比值	RMSEA	AGFI	GFI
安全利他行为	SPB9	0.445	---	4	1.783	0.059	0.953	0.987
	SPB10	0.628	5.262					
	SPB11	0.745	5.501					
	SPB12	0.515	4.492					
	SPB13	0.588	5.364					
变革型领导行为	TFLB1	0.510	---	44	1.346	0.039	0.929	0.953
	TFLB2	0.563	6.409					
	TFLB3	0.487	5.324					
	TFLB4	0.635	6.215					
	TFLB5	0.611	6.209					
	TFLB6	0.612	6.391					
	TFLB7	0.641	6.325					
	TFLB8	0.649	6.445					
	TFLB9	0.708	6.639					
	TFLB10	0.555	5.927					
	TFLB11	0.453	5.139					
交易型领导行为	TSLM2	0.238	---	1	0.775	0.000	0.983	0.998
	TSLM6	0.908	3.359					
	TSLM7	0.918	3.426					
	TSLM8	0.846	3.443					
管理行为	MB1	0.650	---	27	1.374	0.041	0.939	0.964
	MB2	0.606	7.855					
	MB3	0.640	8.154					
	MB4	0.599	7.079					
	MB5	0.669	7.471					
	MB6	0.694	8.351					
	MB7	0.489	5.957					
	MB8	0.681	8.214					
	MB9	0.573	7.184					

由表7.10可知，各变量测量题项因素负荷量的C.R.值均大于1.96，说明各参数均达到了0.05的显著水平，除个别测量题项的因素负荷量小于0.5外，其他测量

题项的因素负荷量均大于0.5。且各测量模型的拟合度指标均表现良好，均达到模型适配标准，说明各变量的测量模型与样本数据可以契合，具有较好的收敛效度。

(2) 区别效度检验

区别效度是指构面所代表的潜在特质与其他构面所代表的潜在特质低度相关或有显著的差异存在，在Amos操作中，主要体现为两个潜在变量测量模型是否具有较高相关性的分析[182]。首先构建两个模型，分别为未限制模型(潜在变量间的共变关系不加以限制，二者之间的共变参数为自由估计参数)与限制模型(潜在变量间的共变关系限制为1，二者之间的共变参数为固定参数)，进而进行两个模型的卡方值差异比较：如果卡方值差异量较大且达到显著性水平($p<0.05$)，表示两个模型间有显著的不同，未限制模型的卡方值越小表示潜在变量间相关性越低，其区别效度就越高；相反，未限制模型的卡方值越大表示潜在变量间相关性越高，其区别效度就越低。同样利用Amos17.0软件进行模型的绘制并计算，以结构维度测量模型和关系维度测量模型之间的区别效度检验为例，结构维度与关系维度变量区别效度的假设检验模型如图7.4所示，两个潜在变量间的共变参数名称设为C。

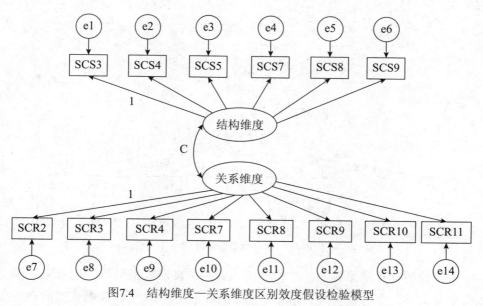

图7.4　结构维度—关系维度区别效度假设检验模型

经过计算，未限制模型和限制模型均可收敛辨识，其标准化估计结果分别如图7.5和7.6所示。

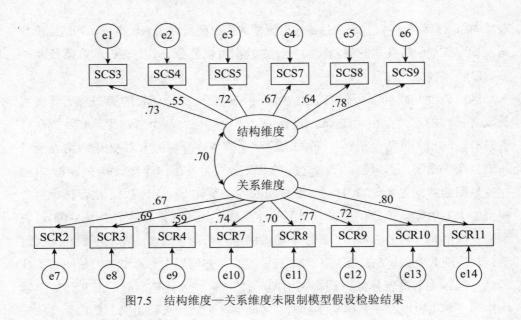

图7.5 结构维度—关系维度未限制模型假设检验结果

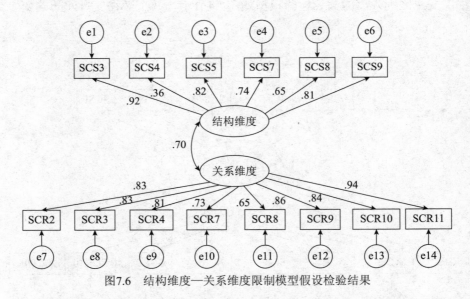

图7.6 结构维度—关系维度限制模型假设检验结果

根据模型计算结果显示，结构维度—关系维度潜在变量模型的未限制模型的自由度为76，卡方值为201.980，*p*值为0.000(小于0.005)，限制模型的自由度为77，卡方值为384.594，p值为0.000(小于0.005)，比较两个模型的自由度差异为1(77-76)，卡方值差异量为182.614，卡方值差异量显著性检验的概率值p为0.000(小于0.05)，达到0.05的显著性水平，表示未限制模型与限制模型两个测量模型有显著不同。与限制模型相比，未限制模型的卡方值较小，表示结构维度与关系维度两个潜在变量间的区别效度较好。

同理，计算出其他潜在变量两两之间的区别效度，结果如表7.11所示。

表7.11　各潜在变量间区别效度检验结果

研究变量	潜在变量	模型分类	自由度	卡方值	P值
社会资本	结构维度—关系维度	未限制模型	76	201.980	0.000
		限制模型	77	384.594	0.000
		模型差异	1	182.614	0.000
	结构维度—认知维度	未限制模型	53	151.693	0.000
		限制模型	54	454.217	0.000
		模型差异	1	302.524	0.000
	关系维度—认知维度	未限制模型	76	329.457	0.000
		限制模型	77	410.946	0.000
		模型差异	1	81.489	0.000
施工人员安全行为	安全遵守—自我参与	未限制模型	43	189.425	0.000
		限制模型	44	314.347	0.000
		模型差异	1	124.922	0.000
	安全遵守—安全利他	未限制模型	53	135.611	0.000
		限制模型	54	244.945	0.000
		模型差异	1	109.334	0.000
	自我参与—安全利他	未限制模型	26	113.049	0.000
		限制模型	27	243.541	0.000
		模型差异	1	130.492	0.000

（续表）

研究变量	潜在变量	模型分类	自由度	卡方值	P值
管理者行为	变革型领导—交易型领导	未限制模型	89	227.417	0.000
		限制模型	90	344.422	0.000
		模型差异	1	117.005	0.000
	变革型领导—管理行为	未限制模型	169	321.017	0.000
		限制模型	170	396.230	0.000
		模型差异	1	75.213	0.000
	交易型领导—管理行为	未限制模型	64	178.498	0.000
		限制模型	65	423.513	0.000
		模型差异	1	245.015	0.000

由表7.11可知，各研究变量的两两潜在变量测量模型的卡方差异量均比较大，且达到了0.05的显著性水平，证明未限制模型与限制模型具有显著的差异，且与限制模型相比，未限制模型的卡方值较小。因此，表明各研究变量的潜在变量之间具有较好的区别效度。

(3) 建构信度检验

建构信度又称组合信度，主要用来检验模型潜在变量的信度，同样用来验证探索性因子分析中明确的变量结构是否有效，主要通过潜在变量测量模型各题项的指标负荷与误差变异量来进行估算[182]。建构信度检验的指标主要是组合信度系数。组合信度系数是模型内在质量的判别准则之一，一般取值大于0.6时表示模型具有较好的内在质量，该指标不能直接通过Amos17.0软件得出，主要通过式(7-1)计算得出

$$\rho_c = \frac{(\sum \lambda)^2}{\left[(\sum \lambda)^2 + \sum (\theta) \right]} \qquad (7\text{-}1)$$

其中，ρ_c为潜在变量的组合信度；λ表示各指标变量(题项)在潜在变量上的标准化参数估计值，即因素负荷量；θ为各题项的误差变异量，其值等于1-因素负荷量的平方。

下面以社会资本研究变量为例，对其三个潜在变量各自的组合信度进行计算，以检验其建构效度。

利用Amos软件构建三个潜在变量的概念模型并进行计算，结果如图7.7所示。

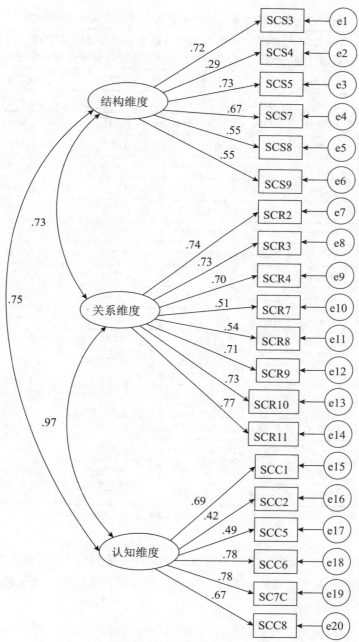

图7.7　社会资本测量模型建构效度检验结果

相关参数的计算结果如表7.12所示。

表7.12 社会资本测量模型参数估计及建构信度指标结果

潜在变量	测量指标	非标准化参数估计值	标准误 S.E.	Z值 C.R.	显著性P值	标准化参数估计值(参数负荷量)	测量误差(1-标准化参数估计值^2)	组合信度
结构维度	SCS3	1.000				0.723	0.477	0.788
	SCS4	0.411	0.104	3.957	***	0.285	0.919	
	SCS5	0.945	0.095	9.913	***	0.731	0.466	
	SCS7	0.885	0.096	9.207	***	0.674	0.546	
	SCS8	1.019	0.140	7.297	***	0.530	0.719	0.788
	SCS9	1.093	0.112	9.752	***	0.717	0.486	
关系维度	SCR2	1.000	—			0.738	0.455	
	SCR3	0.925	0.085	10.921	***	0.727	0.471	
	SCR4	1.045	0.099	10.540	***	0.703	0.506	
	SCR7	0.719	0.095	7.586	***	0.514	0.736	0.885
	SCR8	0.647	0.081	7.962	***	0.539	0.709	
	SCR9	1.023	0.097	10.585	***	0.706	0.502	
	SCR10	1.062	0.096	11.016	***	0.733	0.463	
	SCR11	1.088	0.093	11.695	***	0.775	0.399	
认知维度	SCC1	1.000	—	—	—	0.687	0.528	
	SCC2	0.556	0.092	6.042	***	0.424	0.820	
	SCC5	0.567	0.081	6.996	***	0.493	0.757	
	SCC6	1.119	0.104	10.749	***	0.778	0.395	0.809
	SCC7	0.965	0.090	10.710	***	0.775	0.399	
	SCC8	0.921	0.098	9.366	***	0.670	0.551	

注：***表示非常显著，P值小于0.001；**表示比较显著，P值小于0.01；*表示一般显著，P值小于0.05。下同。

由表7.12可知，社会资本研究变量三个潜在变量的组合信度系数均大于0.6，说明该测量模型的内在质量较好，探索性因子分析得出的因子结构效度较好，可以作下文的实证分析。

同理，计算出施工人员安全行为和管理者行为两个研究变量中各潜在变量的组合信度系数，结果分别如表7.13和表7.14所示。

表7.13　施工人员安全行为测量模型参数估计及建构信度指标结果

潜在变量	测量指标	非标准化参数估计值	标准误S.E.	Z值C.R.	显著性P值	标准化参数估计值(参数负荷量)	测量误差(1-标准化参数估计值²)	组合信度
安全遵守行为	SCB1	1.000	—	—	—	0.668	0.554	0.796
	SCB2	1.034	0.123	8.372	***	0.665	0.558	
	SCB3	0.908	0.116	7.793	***	0.610	0.628	
	SCB4	0.954	0.119	7.984	***	0.628	0.606	
	SCB5	0.997	0.125	7.960	***	0.625	0.609	
	SCB6	0.972	0.135	7.222	***	0.558	0.689	
	SCB7	0.777	0.139	5.585	***	0.420	0.824	
自我参与行为	SPB5	1.000	—	—	—	0.642	0.588	0.688
	SPB6	0.865	0.118	7.340	***	0.601	0.639	
	SPB7	1.192	0.154	7.722	***	0.642	0.588	
	SPB8	1.038	0.166	6.251	***	0.495	0.755	
安全利他行为	SPB9	1.000	—	—	—	0.495	0.755	0.700
	SPB10	1.451	0.228	6.359	***	0.674	0.546	
	SPB11	1.491	0.231	6.452	***	0.696	0.516	
	SPB12	1.187	0.205	5.792	***	0.562	0.684	
	SPB13	1.107	0.251	4.415	***	0.375	0.849	

表7.14　管理者行为测量模型参数估计及建构信度指标结果

潜在变量	测量指标	非标准化参数估计值	标准误S.E.	Z值C.R.	显著性P值	标准化参数估计值(参数负荷量)	测量误差(1-标准化参数估计值²)	组合信度
变革型领导行为	TFLB1	1.000	—	—	—	0.506	0.744	0.620
	TFLB2	0.896	0.146	6.146	***	0.561	0.685	
	TFLB3	0.742	0.139	5.331	***	0.453	0.795	
	TFLB4	0.948	0.147	6.448	***	0.609	0.629	
	TFLB5	1.091	0.171	6.389	***	0.599	0.641	
	TFLB6	1.029	0.159	6.490	***	0.616	0.621	
	TFLB7	1.052	0.168	6.263	***	0.579	0.665	
	TFLB8	0.900	0.139	6.478	***	0.614	0.623	
	TFLB9	1.117	0.165	6.777	***	0.667	0.555	
	TFLB10	0.823	0.137	5.991	***	0.539	0.709	
	TFLB11	0.620	0.126	4.935	***	0.407	0.834	

潜在变量	测量指标	非标准化参数估计值	标准误S.E.	Z值C.R.	显著性P值	标准化参数估计值(参数负荷量)	测量误差(1-标准化参数估计值²)	组合信度
交易型领导行为	TSLM2	1.000	—			0.208	0.957	0.840
	TSLM6	7.239	2.356	3.073	**	0.902	0.186	
	TSLM7	7.804	2.538	3.075	**	0.924	0.146	
	TSLM8	7.456	2.435	3.061	**	0.843	0.289	
管理行为	MB1	1.000	—		—	0.605	0.634	0.837
	MB2	0.835	0.119	7.001	***	0.563	0.683	
	MB3	0.985	0.130	7.581	***	0.624	0.611	
	MB4	0.844	0.115	7.327	***	0.597	0.644	
	MB5	0.995	0.128	7.769	***	0.645	0.584	
	MB6	1.061	0.131	8.101	***	0.684	0.532	
	MB7	0.725	0.119	6.119	***	0.477	0.772	
	MB8	1.044	0.132	7.883	***	0.659	0.566	
	MB9	1.108	0.159	6.950	***	0.558	0.689	

由表7.13和表7.14可知，各潜在变量的组合信度系数均大于0.6，说明各模型的内在质量较好，模型具有较好的建构效度，可以进行下文的实证分析。

综上所述，本节通过探索性因子分析、CITC分析和内在一致性信度检验以及验证性因子分析三个方面对数据的质量和变量结构进行了检验和分析，得出了有效的变量结构，从而为下文的实证分析奠定了数据基础。

7.3 管理者行为与施工人员安全行为假设关系检验

7.3.1 方法介绍

1. 结构方程模型概述

结构方程模型(Structural Equation Model，SEM)是当代行为与社会领域量化研究的重要统计方法，它融合了传统多变量统计分析中的"因素分析"与"线性模型之回归分析"的统计技术，对于各种因果模型可以进行模型辨识、估计与验证[182]。结构方程模型中包含两个基本的模型，分别是测量模型和结构模型：测量模型由潜在变量与观察变量组成，观察变量通常是指通过量表或问卷等测量工具所获取的数据，而潜在变量无法直接通过测量工具进行表示，需要由观察变量所反映，测量模型的数学意义是一组观察变量表示潜在变量的线性函数；结构模型是指多个潜在变量因果关系的模型。在结构方程分析模型中，只有测量模型而无结构模型的为验证性因子分析，只有结构模型而无测量模型则相当于传统的路径分析。结构模型与传统路径分析的差别在于前者讨论的是潜在变量的因果关系，而后者讨论的是观察变量的因果关系。结构方程的优点在于一个模型中既能包含观察变量又显示了潜在变量之间的因果关系，且能够同时处理多个因变量与多个自变量之间的关系。就参数估计方法而言，使用最广泛的为极大似然法(Maximum Likelihood，ML)，其次为一般化最小平方法(Generalized Least Squares，GLS)，当数据为大样本且符合多变量正态分布时使用ML法最为合适，得到的估计值、标准误和卡方值检验结果都是适当、可信且正确的。本章在上文样本质量评价时指出样本数据符合近似正态分布，因此本章选取的估计方法为ML法。

2. 模型判定标准

结构方程模型的判定标准主要采取适配度指标进行评价，主要检验依据假设构建的路径分析图与实际数据是否匹配，即理论模型与实际模型的一致性程度。在进行整体模型适配度指标分析前应首先判断模型是否有违反估计的现象，主要从以下三个方面分析：一是有无负的误差方程存在；二是标准化参数系数是否大于等于1；三是是否有较大的标准误差存在。在判定模型不存在违反估计现象后，再进行整体模型适配度的检验。检验指标主要分为绝对适配统计量、增值适配统计量和简约适配统计量。下面对这些检验指标进行简要介绍。

(1) 绝对适配统计量

① 卡方值。卡方值对于样本总体的多变量正态性和样本大小特别敏感。卡方值的基本假定是假设模型完美适配总体的分布，一个很大的卡方值反映出模型适配不佳，小的卡方值反映出模型适配良好。卡方值的大小一般结合自由度的大小进行判定。

② 卡方自由度比值。假设模型的估计参数越多，自由度越小，而样本数越大，卡方值也会随之扩大。因此同时考虑卡方值和自由度值的大小，能够较好地

判定模型的适配度，一般认为卡方自由度之比在1～3时，模型适配较好；小于1时，表示模型过度适配，即该模型具有样本独异性；大于3时表示模型适配度不佳。

③ 残差均方和平方根(RMR)与渐进残差均方和平方根(RMSEA)。RMR是一个平均残差的协方差，一般认为模型要被接受，其值越小越好，在0.05以下认为是可以接受的适配模型。RMSEA是一种不需要基准线模型的绝对性指标，其值越小，表示模型的适配度越好。一般认为RMSEA值应在0.1以下，在0.08～0.10之间表示模型适配尚可，在0.05～0.08之间表示模型适配良好，小于0.05时表示模型适配度非常好。

④ 良适性适配指标(GFI)和调整后良适性适配指标(AGFI)。GFI表示理论建构的复制矩阵能解释的样本数据观察矩阵的变异量，GFI值越大，能解释的变异量也越大，二者契合度也越高。一般认为，GFI值越接近于1，模型的适配度越好，其判断标准为应大于0.90。AGFI利用假设模型的自由度与模型变量个数的比率修正了GFI指标，其值得判断标准同样应大于0.90。

(2) 增值适配统计量

增值适配统计指标是一种衍生指标，包括规准适配指数(NFI)、相对适配指数(RFI)、增值适配指数(IFI)、比较适配指数(CFI)等。上述指标值大多介于0～1之间，其值越接近1，表示模型的适配度越好。一般认为上述指标值均应大于0.90，才能说明模型的适配度较好。

(3) 简约适配统计量

简约适配统计指标主要包括简约调整后的规准适配指数(PNFI)、简约适配度指数(PGFI)等，其值越大，表示模型的适配度越好。一般认为上述两个指标的值应大于0.50，才能说明模型的适配度良好。

综上所述，对构建的结构方程理论模型是否与实际数据适配有多个指标可以进行判定，选取判定指标的组合也有多种，但上述指标只是从数学和实证的角度进行分析的，在运用上述指标时需要与理论相结合，并不需要所有指标均符合要求，而是在理论和数学两方面寻找最佳的模型。目前学者应用比较多的指标为卡方自由度比值(CMIN/DF)、RMR、RMSEA、CFI、GFI等[198]。

3. 调节作用假设检验方法和基本步骤

调节作用是指两个变量之间的作用关系受到第三个变量的影响，该第三个变量称为调节变量，与调节变量容易混淆的为中介变量，其是指两个变量之间的影响关系是通过第三个变量进行的影响[198]。调节作用和中介作用的不同可以用图7.8示意。

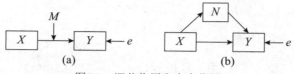

(a)　　　　　　　　　　(b)

图7.8　调节作用和中介作用

资料来源：温忠麟，侯杰泰，张雷. 调节效应与中介效应的比较和应用[J]. 心理学报，2005，37(2): 268-274.

如图7.8所示，图(a)为调节作用，图(b)为中介作用。从统计意义上说，变量的调节作用其实是调节变量和自变量的交互作用，考虑简单的变量的调节作用，其数学公式如式(7-2)所示。

$$Y=aX+bM+cXM+e \tag{7-2}$$

其中，系数c就是变量M调节效应的大小，$X*M$就是自变量X和调节变量M的交互。

目前学者们主要采用层级回归法和结构方程法对变量的调节作用进行检验，但当自变量和因变量均为潜在变量时，使用层级回归法会忽略测量误差，从而降低估计的准确度，而使用结构方程能够考虑观察变量和潜在变量之间的关系，可以更准确地对潜在变量的调节作用进行检验[200]。由于潜在变量不能直接通过获取数据进行表示，在交互项的构建方面比较复杂，Kenny和Judd较早提出了使用自变量和调节变量的观察指标的乘积表示交互项；后来Algina和Moulder修正了Kenny和Judd的模型，提出了可以中心化的指标乘积方法。目前常用的建立交互项的方法为Marsh等[201]提出的利用配对乘积指标和无约束方法建立无约束模型的方法。该方法的主要思路和步骤阐述如下。

首先，构建初始理论模型，通过计算判断对因变量有显著影响的自变量。

其次，根据"大配大，小配小"的策略构建交互项。即将自变量中因子负荷量最大的指标得分与调节变量中因子负荷量最大的指标得分相乘，作为交互项潜在变量的第一个指标得分；将自变量中因子负荷量次之的指标得分与调节变量因子负荷量次之的指标得分相乘，作为交互项潜在变量的第二个指标得分，依此对应相乘得出所有交互项的指标得分。

最后，将得到的交互项潜在变量和调节变量均放入原始模型中进行计算，通过判断模型的拟合程度以及乘积项与因变量的路径系数判断调节作用。如果乘积项与因变量路径系数显著，则说明调节变量在自变量与因变量之间存在调节作用，根据路径系数的正负进一步判断调节作用是正向促进还是反向削弱。

4. 结构方程模型构建

根据上文提出的假设和相关理论分析，本章利用Amos软件首先构建了管理者行为与施工人员安全行为影响关系的结构方程模型，结果如图7.9所示。初始模型拟合度指标结果如表7.15所示。

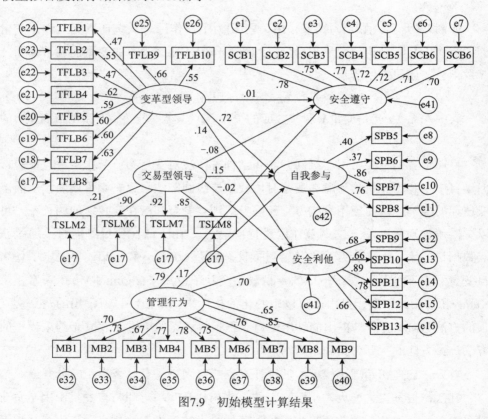

图7.9　初始模型计算结果

表7.15　初始模型拟合结果

拟合指标	CMIN/DF	RMR	RMSEA	GFI	CFI	PGFI	IFI
标准值	<3	<0.05	<0.08	>0.90	>0.90	>0.50	>0.90
指标值	1.906	0.50	0.063	0.762	0.858	0.677	0.859

由表7.15可知，除CMIN/DF、RMSEA、PGFI三个指标符合拟合标准外，其

他四个指标均不符合模型拟合的标准，因此，该初始模型不能和数据达到较好的匹配，应当进一步修正。

7.3.2 模型修正与结果分析

根据结构方程模型修正的原则，主要通过限制或释放原始模型的相关变量的路径进行模型修正，最常使用的是根据Amos软件输出结果中的修正指标值(Modification Indices，MI值)进行修正，即依次对MI值较大的误差项之间建立共变关系，进而达到提高模型拟合度的目的。对此，本章通过检查误差项之间的MI值，对MI值较大的误差项e8和e9、e14和e15、e32和e34等建立了共变关系，进行计算后，模型的拟合结果如表7.16所示。

表7.16 修正后的模型拟合结果

拟合指标	CMIN/DF	RMR	RMSEA	GFI	CFI	PGFI	IFI
标准值	<3	<0.05	<0.08	>0.90	>0.90	>0.50	>0.90
指标值	1.633	0.047	0.053	0.802	0.901	0.706	0.903

由表7.16可知，除GFI指标未达到要求外，其余6个指标均达到了良好的模型拟合要求，因此，可以认为该理论模型与实际数据具有较好的匹配程度。进一步分析各潜在变量之间的路径系数及显著性结果，如表7.17所示。

表7.17 管理者行为对施工人员安全行为影响结果

变量关系	标准化路径系数	C.R.	P值	显著性
变革型领导→安全遵守	0.008	0.151	0.880	不显著
变革型领导→自我参与	0.716	4.698	***	非常显著
变革型领导→安全利他	0.136	2.466	0.014*	一般显著
交易型领导→安全遵守	-0.084	-1.626	0.104	不显著
交易型领导→自我参与	0.150	2.313	0.021*	一般显著
交易型领导→安全利他	-0.028	-0.551	0.582	不显著
管理行为→安全遵守	0.787	8.815	***	非常显著
管理行为→自我参与	0.171	2.538	0.011*	一般显著
管理行为→安全利他	0.782	8.126	***	非常显著

注：其中***表示P值小于0.001，**表示P值小于0.01，*表示P值小于0.05。下同。

由表7.17可知，不同维度的管理者行为对施工人员安全行为影响关系表现不一：一方面，表现在相关路径系数的显著性上，其中变革型领导行为对安全遵守行为、交易型领导行为对安全遵守行为、交易型领导行为对安全利他行为三对变量之间的关系表现不显著，其他变量之间均表现不同程度的显著影响；另一方面，对影响关系显著的变量之间路径系数大小也有所区别。下面针对上文所提假设，根据计算结果对各变量间的影响关系进行详细阐述，以进一步明晰管理者行为对施工人员安全行为的影响关系。

1. 管理者领导行为对施工人员安全遵守行为的影响关系

根据上文分析，本章将管理者领导行为分为管理者变革型领导行为和管理者交易型领导行为。结构方程分析结果显示，管理者变革型领导行为和交易型领导行为对施工人员安全遵守行为均不具有显著的影响关系(P值均大于0.05)。这与以往学者研究和第3章案例分析研究的结果不太一致，主要原因可能是由于目前大多数施工项目管理者在强调施工人员遵守安全行为方面没有充当领导者角色，没有发挥领导行为的作用，不是从精神、愿景、责任等方面激励或要求施工人员遵守安全规范和规定，而仍然是以命令或指令式要求施工人员进行安全遵守。因此，假设H1没有得到支持。

2. 管理者领导行为对施工人员安全参与行为的影响关系

根据上文分析结果，本章将施工人员安全参与行为按行为关系主体不同将其分为自我参与行为和安全利他行为。变革型领导行为对自我参与行为和安全利他行为均表现出显著的正相关关系，这与以往研究和上文案例分析结果一致，影响的路径系数分别为0.716($P<0.001$)和0.136($P=0.014<0.05$)，说明变革型领导行为对施工人员自我参与行为的影响大于安全利他行为。这是因为变革型领导行为主要表现为管理者对集体目标、共同愿景、社会责任的强调，管理者的这类行为容易使施工人员产生为项目和他人着想的心理，更能认识和体会到自身的责任和主人翁的感觉，从而在积极参与改善项目安全和帮助他人等方面具有良好的表现。

交易型领导行为对自我参与行为表现出显著的正相关关系，影响路径系数为0.150($P=0.021<0.05$)，对安全利他行为的影响关系不显著($P=0.582>0.05$)，这是因为交易型领导行为主要表现为管理者与施工人员表现出一定的交换关系，管理者对施工人员在安全工作方面的行为具有明确的期望和惩罚，施工人员在有管理者明确期望的前提下更倾向于作出积极的自我响应，在帮助他人方面表现不足。因此，假设H2得到部分支持。

3. 管理者管理行为对施工人员安全遵守行为的影响关系

管理行为主要是指管理者针对安全施工做出安全机构设置、人员配备、安全计划、安全制度和安全指令等具体管理活动。结构方程分析结果显示，管理者管理行为对施工人员安全遵守行为具有显著的正相关关系，影响路径系数为0.787($P<0.001$)。这与以往研究和上文案例分析结果一致。管理者做出的具体管理活动主要针对施工人员对施工安全规范和安全制度的遵守。一般情况下，上述管理行为的加强有助于提高施工人员的安全遵守行为。因此，假设H3得到支持。

4. 管理者管理行为对施工人员安全参与行为的影响关系

根据结构方程分析结果，管理者管理行为对施工人员自我参与行为和安全利他行为均具有显著的正相关关系，影响路径系数分别为0.171($P=0.011<0.05$)和0.782($P<0.001$)。管理行为虽是针对施工人员遵守安全规范做出的具体活动，但具体活动的执行会进而给施工人员参与安全活动、帮助他人提供条件和可能，如安全会议的召开、安全奖励和惩罚制度的制定会激励施工人员自我参与和帮助他人避免安全行为等。因此，假设H4得到支持。

综上所述，根据上述具有显著影响关系的相关变量，可以构建施工项目管理者行为对施工人员安全行为的影响关系模型(M1)，如图7.10所示。

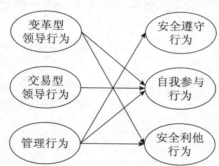

图7.10　管理者行为对施工人员安全行为影响关系模型(M1)

💡 7.4　社会资本调节作用的假设关系检验

为检验社会资本在管理者行为对施工人员安全行为影响关系的调节作用，根据6.1.3节所述调节作用检验的方法，在上述M1模型的基础上依次检验社会资本三个维度(结构维度、关系维度和认知维度)的调节作用。

7.4.1 调节作用假设检验

1. 社会资本结构维度的调节作用

根据Marsh等[201]的配对原则，分别建立结构维度与变革型领导、交易型领导和管理行为的乘积项指标，在模型M1的基础上，构建结构维度的调节作用模型。鉴于模型包含的变量较多，本章分别构建三个模型，依次检验结构维度在变革型领导行为与施工人员安全行为、交易型领导行为与施工人员安全行为和管理行为与施工人员安全行为之间的调节作用。下面以结构维度在变革型领导行为与施工人员安全行为之间关系的调节作用为例，详细阐述假设检验的过程。

根据上面所述的原理与方法，构建结构维度的调节作用模型，经计算和修正，模型达到了较好的拟合，结果如图7.11所示。

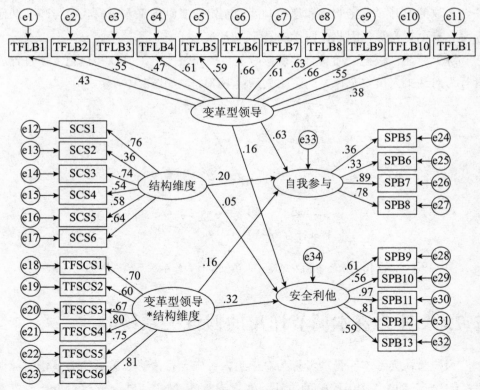

图7.11 结构维度对变革型领导的调节作用模型

模型的拟合指标结果如下：

CMIN/DF值为1.795，RMR值为0.047，RMSEA值为0.059，CFI值为0.870，PGFI值为0.694，除CFI指标没有达到0.90以外，其他指标均达到了拟合要求，因此，可以认为模型得到了较好的拟合。各变量间影响关系如表7.18所示。

表7.18　结构维度对变革型领导的调节作用模型检验结果

变量关系	标准化路径系数	C.R.	P值	显著性
变革型领导→自我参与	0.627	4.000	***	非常显著
变革型领导→安全利他	0.164	2.002	*	一般显著
结构维度→自我参与	0.204	2.538	*	一般显著
结构维度→安全利他	0.050	0.628	0.530	不显著
变革型领导*结构维度→自我参与	0.163	2.444	*	一般显著
变革型领导*结构维度→安全利他	0.322	4.244	***	非常显著

由图7.11和表7.18可知，变革型领导行为与结构维度的乘积项对自我参与行为具有显著的正向影响($r=0.163$，$P<0.05$)，同时，变革型领导行为对自我参与行为具有显著的正向影响($r=0.627$，$P<0.001$)。由此表明，随着结构维度水平的提高，变革型领导行为对自我参与行为的正向影响得到增强。

变革型领导行为与结构维度的乘积项对安全利他行为具有显著的正向影响($r=0.322$，$P<0.001$)，同时，变革型领导行为对安全利他行为具有显著的正向影响($r=0.164$，$P<0.05$)。由此表明，随着结构维度水平的提高，变革型领导行为对安全利他行为的正向影响得到增强。

同理，构建结构维度对交易型领导行为和管理行为的调节作用模型，经计算和修正后，模型同样达到了较好的拟合。模型拟合结果和假设检验结果如表7.19和表7.20所示。

表7.19　结构维度对交易型领导的调节作用模型检验结果

变量关系	标准化路径系数	C.R.	P值	显著性	模型拟合结果
结构维度→自我参与	0.279	2.379	*	一般显著	CMIN/DF值=2.281，RMR值=0.082，RMSEA值=0.075，CFI值=0.902，PGFI值=0.642，IFI值=0.904
交易型领导→自我参与	0.289	2.640	**	比较显著	
交易型领导*结构维度→自我参与	0.160	1.969	*	一般显著	

由表7.19可知，交易型领导与结构维度的乘积项对自我参与行为具有显著的正向影响($r=0.160$，$P<0.05$)，同时，交易型领导对自我参与行为具有显著的正向影响($r=0.279$，$P<0.05$)。由此表明，随着结构维度水平的提高，交易型领导对自我参与行为的正向影响得到增强。

表7.20 结构维度对管理行为的调节作用模型检验结果

变量关系	标准化路径系数	C.R.	P值	显著性	模型拟合结果
管理行为→安全遵守	0.675	6.832	***	非常显著	
管理行为→自我参与	0.218	1.831	0.067	不显著	
管理行为→安全利他	0.931	7.475	***	非常显著	
结构维度→安全遵守	0.052	0.987	0.324	不显著	CMIN/DF值=1.672，
结构维度→自我参与	0.375	3.402	***	非常显著	RMR值=0.045，
结构维度→安全利他	0.062	1.079	0.280	不显著	RMSEA值=0.054，
管理行为*结构维度→安全遵守	0.167	1.994	*	一般显著	CFI值=0.906，PGFI值=0.705，
管理行为*结构维度→自我参与	-0.010	-0.091	0.927	不显著	IFI值=0.907
管理行为*结构维度→安全利他	-0.157	-1.682	0.093	不显著	

由表7.20可知，管理行为与结构维度的乘积项对安全遵守行为具有显著的正向影响($r=0.167$，$P<0.05$)，同时，管理行为对安全遵守行为具有显著的正向影响($r=0.675$，$P<0.001$)。由此表明，随着结构维度水平的提高，管理行为对安全遵守行为的正向影响得到增强。

管理行为与结构维度的乘积项对自我参与行为和安全利他行为不具有显著的影响关系，说明结构维度在管理行为对自我参与行为和安全利他行为的影响关系不具有调节效应。

综上所述，结构维度在管理者行为对施工人员安全行为影响关系之间起到了不同程度的调节作用，主要包括以下四点。

(1) 结构维度在变革型领导行为对施工人员自我参与行为的影响关系中起到正向调节作用($r=0.163$，$P<0.05$)；

(2) 结构维度在变革型领导行为对施工人员安全利他行为的影响关系中起到

正向调节作用($r=0.322$，$P<0.001$)；

(3) 结构维度在交易型领导行为对施工人员自我参与行为的影响关系中起到正向调节作用($r=0.160$，$P<0.05$)；

(4) 结构维度在管理行为对施工人员安全遵守行为的影响关系中起到正向调节作用($r=0.167$，$P<0.05$)。

2. 社会资本关系维度的调节作用

同样根据Marsh等的配对原则，分别建立关系维度与变革型领导、交易型领导和管理行为的乘积项指标，在模型M1的基础上，构建关系维度的调节作用模型。同结构维度调节作用检验方法，本章分别构建三个模型，依次检验关系维度在变革型领导行为与施工人员安全行为、交易型领导行为与施工人员安全行为和管理行为与施工人员安全行为之间的调节作用。三个模型的拟合结果和假设检验结果如表7.21所示。

表7.21　关系维度调节作用模型检验结果

模型名称	变量关系	标准化路径系数	C.R.	P值	显著性	模型拟合结果
关系维度在变革型领导对安全行为影响关系中的调节作用模型	变革型领导→自我参与	0.692	4.006	***	非常显著	CMIN/DF值=1.791，RMR值=0.043，RMSEA值=0.059，CFI值=0.886，PGFI值=0.691，IFI值=0.887
	变革型领导→安全利他	0.222	2.953	**	比较显著	
	关系维度→自我参与	0.089	1.215	0.224	不显著	
	关系维度→安全利他	0.034	0.488	0.626	不显著	
	变革型领导*关系维度→自我参与	0.153	2.390	*	一般显著	
	变革型领导*关系维度→安全利他	0.646	7.189	***	非常显著	
关系维度在交易型领导对安全行为影响关系中的调节作用模型	交易型领导→自我参与	0.344	2.488	*	一般显著	CMIN/DF值=2.369，RMR值=0.075，RMSEA值=0.078，CFI值=0.902，PGFI值=0.650，IFI值=0.903
	关系维度→自我参与	0.304	2.890	**	比较显著	
	交易型领导*关系维度→自我参与	0.174	2.178	*	非常显著	

模型名称	变量关系	标准化路径系数	C.R.	P值	显著性	模型拟合结果
关系维度在管理行为对安全行为影响关系中的调节作用模型	管理行为→安全遵守	0.280	3.243	**	比较显著	CMIN/DF值=1.717,RMR值=0.042,RMSEA值=0.056,CFI值=0.904,PGFI值=0.689,IFI值=0.905
	管理行为→自我参与	0.139	1.114	0.265	不显著	
	管理行为→安全利他	0.712	5.951	***	非常显著	
	关系维度→安全遵守	0.090	2.008	*	一般显著	
	关系维度→自我参与	0.361	3.386	***	非常显著	
	关系维度→安全利他	0.077	1.389	0.165	不显著	
	管理行为*关系维度→安全遵守	0.624	6.307	***	非常显著	
	管理行为*关系维度→自我参与	0.004	0.036	0.971	不显著	
	管理行为*关系维度→安全利他	0.105	1.014	0.311	不显著	

由表7.21可知，三个模型除某一个指标没有达到拟合要求外，其他所有拟合指标均满足拟合的标准，因此可以认为上述模型均达到了较好的拟合。就关系维度的调节效应而言，变革型领导行为与关系维度的乘积项对自我参与行为具有显著的正向影响(r=0.153，$P<0.05$)，同时，变革型领导行为对自我参与行为具有显著的正向影响(r=0.692，$P<0.001$)。由此表明，随着关系维度水平的提高，变革型领导行为对自我参与行为的正向影响得到增强。

变革型领导行为与关系维度的乘积项对安全利他行为具有显著的正向影响(r=0.646，$P<0.001$)，同时，变革型领导行为对自我利他行为具有显著的正向影响(r=0.222，$P<0.01$)。由此表明，随着关系维度水平的提高，变革型领导行为对安全利他行为的正向影响得到增强。

交易型领导行为与关系维度的乘积项对自我参与行为具有显著的正向影响(r=0.174，$P<0.05$)，同时，交易型领导行为对自我参与行为具有显著的正向影响(r=0.344，$P<0.05$)。由此表明，随着关系维度水平的提高，交易型领导行为对自我参与行为的正向影响得到增强。

管理行为与关系维度的乘积项对安全遵守行为具有显著的正向影响(r=0.624，$P<0.001$)，同时，管理行为对安全遵守行为具有显著的正向影响(r=0.280，$P<0.01$)。由此表明，随着关系维度水平的提高，管理行为对安全遵守行为的正向影响得到增强。

管理行为与关系维度的乘积项对自我参与行为和安全利他行为不具有显著的

影响关系，说明关系维度在管理行为对自我参与行为和安全利他行为的影响关系不具有调节效应。

综上所述，关系维度在管理者行为对施工人员安全行为影响关系之间也起到了不同程度的调节作用，主要包括以下四点。

(1) 关系维度在变革型领导行为对施工人员自我参与行为的影响关系中起到正向调节作用(r=0.153，P<0.05)；

(2) 关系维度在变革型领导行为对施工人员安全利他行为的影响关系中起到正向调节作用(r=0.646，P<0.001)；

(3) 关系维度在交易型领导行为对施工人员自我参与行为的影响关系中起到正向调节作用(r=0.174，P<0.05)；

(4) 关系维度在管理行为对施工人员安全遵守行为的影响关系中起到正向调节作用(r=0.624，P<0.001)。

3. 社会资本认知维度的调节作用

同样根据Marsh等的配对原则，分别建立认知维度与变革型领导、交易型领导和管理行为的乘积项指标，在模型M1的基础上，构建认知维度的调节作用模型。同结构维度调节作用检验方法，本章分别构建三个模型，依次检验认知维度在变革型领导行为与施工人员安全行为、交易型领导行为与施工人员安全行为和管理行为与施工人员安全行为之间的调节作用。三个模型的拟合结果和假设检验结果如表7.22所示。

表7.22　认知维度调节作用模型检验结果

模型名称	变量关系	标准化路径系数	C.R.	P值	显著性	模型拟合结果
认知维度在变革型领导对安全行为影响关系中的调节作用模型	变革型领导→自我参与	0.954	5.786	***	非常显著	CMIN/DF值=1.661，RMR值=0.045，RMSEA值=0.054，CFI值=0.901，PGFI值=0.697，IFI值=0.903
	变革型领导→安全利他	0.896	5.741	***	非常显著	
	认知维度→自我参与	0.218	2.472	*	一般显著	
	认知维度→安全利他	0.305	3.514	***	非常显著	
	变革型领导*认知维度→自我参与	0.091	1.337	0.181	不显著	
	变革型领导*认知维度→安全利他	0.217	3.252	**	比较显著	

(续表)

模型名称	变量关系	标准化路径系数	C.R.	P值	显著性	模型拟合结果
认知维度在交易型领导对安全行为影响关系中的调节作用模型	交易型领导→自我参与	0.270	2.437	*	一般显著	CMIN/DF值=2.327，RMR值=0.072，RMSEA值=0.076，CFI值=0.910，PGFI值=0.640，IFI值=0.912
	认知维度→自我参与	0.118	1.567	0.117	不显著	
	交易型领导*认知维度→自我参与	0.216	2.484	*	一般显著	
认知维度在管理行为对安全行为影响关系中的调节作用模型	管理行为→安全遵守	0.353	3.846	***	非常显著	CMIN/DF值=1.686，RMR值=0.045，RMSEA值=0.055，CFI值=0.912，PGFI值=0.703，IFI值=0.913
	管理行为→自我参与	0.255	2.685	**	比较显著	
	管理行为→安全利他	0.659	5.504	***	非常显著	
	认知维度→安全遵守	0.084	1.728	0.084	不显著	
	认知维度→自我参与	0.018	0.151	0.880	不显著	
	认知维度→安全利他	0.064	1.130	0.258	不显著	
	管理行为*认知维度→安全遵守	0.530	5.638	***	非常显著	
	管理行为*认知维度→自我参与	0.150	1.210	0.226	不显著	
	管理行为*认知维度→安全利他	0.173	1.690	0.091	不显著	

由表7.22可知，三个模型中的拟合指标均达到了拟合要求，因此可以认为上述模型均达到了较好的拟合。就认知维度的调节效应而言，变革型领导行为与认知维度的乘积项对安全参与行为不具有显著的影响关系，说明认知维度在变革型领导行为与安全参与行为之间不具有调节作用。

变革型领导行为与认知维度的乘积项对安全利他行为具有显著的正向影响

(r=0.217，P<0.01)，同时，变革型领导行为对安全利他行为具有显著的正向影响(r=0.896，P<0.001)。由此表明，随着认知维度水平的提高，变革型领导行为对安全利他行为的正向影响得到增强。

交易型领导行为与认知行为的乘积项对自我参与行为具有显著的正向影响(r=0.216，P<0.05)，同时，交易型领导行为对自我参与行为具有显著的正向影响(r=0.270，P<0.05)。由此表明，随着认知维度水平的提高，交易型领导行为对自我参与行为的正向影响得到增强。

管理行为与认知维度的乘积项对安全遵守行为具有显著的正向影响(r=0.530，P<0.001)，同时，管理行为对安全遵守行为具有显著的正向影响(r=0.353，P<0.001)。由此表明，随着认知维度水平的提高，管理行为对安全遵守行为的正向影响得到增强。

管理行为与认知维度的乘积项对自我参与行为和安全利他行为不具有显著的影响关系，说明认知维度在管理行为对自我参与行为和安全利他行为的影响关系不具有调节效应。

综上所述，认知维度在管理者行为对施工人员安全行为影响关系之间也起到了不同程度的调节作用，主要包括以下三点。

(1) 认知维度在变革型领导行为对施工人员安全利他行为的影响关系中起到正向调节作用(r=0.217，P<0.01)；

(2) 认知维度在交易型领导行为对施工人员自我参与行为的影响关系中起到正向调节作用(r=0.216，P<0.05)；

(3) 认知维度在管理行为对施工人员安全遵守行为的影响关系中起到正向调节作用(r=0.530，P<0.001)。

综上所述，社会资本各维度在管理者行为对施工人员安全行为影响关系的调节作用如图7.12所示。

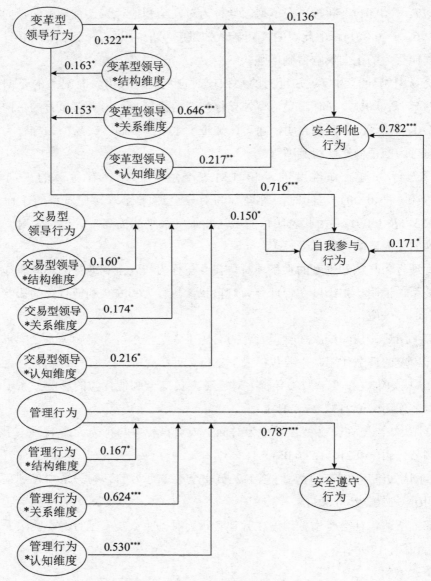

图7.12　社会资本的调节作用(M2)

7.4.2　调节作用结果分析

根据上文所提假设和实证分析结果，社会资本在管理者行为对施工人员安全行为影响关系之间的调节作用可以结合以下四点进行分析。

1. 社会资本在领导行为对安全遵守行为影响关系之间的调节作用

根据上文分析结果，社会资本在领导行为对安全遵守行为影响关系之间不存在调节作用，主要在于在分析管理者行为对施工人员安全行为影响关系时管理者的领导行为对施工人员的安全遵守行为不具有显著的影响关系，即管理者在强调施工人员遵守安全行为时没有充分发挥领导角色的作用，没有从目标、愿景、价值观等方面促使施工人员遵守安全行为。因而，管理者与施工人员之间存在的社会资本在此二者之间也不具有显著的调节作用。因此，假设H5没有得到支持。

2. 社会资本在领导行为对安全参与行为影响关系之间的调节作用

根据上文分析结果，社会资本在领导行为对安全参与行为影响关系之间的调节作用可以分为以下四点。

(1) 社会资本(包括结构维度和关系维度)在变革型领导行为对自我参与行为影响关系之间存在显著的正向调节作用，社会资本认知维度在变革型领导行为对自我参与行为影响关系之间不存在显著的正向调节作用。

社会资本结构维度和关系维度即管理者和施工人员的联系频繁程度、关系密切程度和信任程度等，这些因素的加强会促进施工人员进一步对管理者领导风格和目的的理解和认识，从而自觉地加入改善安全环境的活动中去。因此，能够加强变革型的领导行为对施工人员积极参与安全活动的影响。社会资本认知维度是指管理者和施工人员之间形成的共同语言和共同价值观，认知维度对变革型领导行为对自我参与行为影响关系的调节作用并不显著：一方面可能在企业的共同愿景和目标方面管理者和施工人员并没有形成较高水平的一致的认知；另一方面可能是即使存在有一定水平的认知维度，但并没有对其积极参与安全活动产生影响，既可能是缺乏具体的指引也可能是缺乏有效的激励。

(2) 社会资本(包括结构维度、关系维度和认知维度)在变革型领导行为对安全利他行为影响关系之间存在显著的正向调节作用。

社会资本三个维度在变革型领导行为对安全利他行为影响关系之间存在显著的正向调节作用。主要原因是管理者和施工人员之间的关系、联系、信任和共同语言等要素能够促进施工人员追随管理者个人提出的目标和愿景，加深对集体目标、个人责任的认识，从而更容易、更有倾向地做出一些有益于集体和他人的行为，从而在安全利他行为方面有进一步的改善。

(3) 社会资本(包括结构维度、关系维度和认知维度)在交易型领导行为对自我参与行为影响关系之间存在显著的正向调节作用。

社会资本三个维度在交易型领导行为对自我参与行为影响关系之间存在显著的正向调节作用。主要原因是交易型领导行为往往体现出对施工人员明确的期望以及惩罚和奖励,管理者和施工人员之间社会资本的提高有助于增强施工人员对管理者的认识与信任,更易对管理者领导行为作出响应,从而在自身方面积极参与相关安全活动,进一步提高其自我参与行为水平。

(4) 社会资本(包括结构维度、关系维度和认知维度)在交易型领导行为对安全利他行为影响关系之间不存在显著的调节作用。

社会资本三个维度在交易型领导行为对安全利他行为影响关系之间不存在显著的正向调节作用。主要原因是交易型领导行为对安全利他行为的影响关系并不显著(6.2.2节已作分析)。因此,即使社会资本水平得到提高也不会对二者之间的影响关系起到显著的调节作用。

综上所述,假设H6得到部分支持。

3. 社会资本在管理行为对安全遵守行为影响关系之间的调节作用

根据上文分析结果,社会资本(包括结构维度、关系维度和认知维度)在管理行为对安全遵守行为影响关系之间存在显著的正向调节作用,管理行为对安全遵守行为的影响往往通过强制的指令、命令和制度等方式产生影响,而社会资本水平的提高表示管理者和施工人员之间的联系、关系、沟通、信任以及共同认知等方面均有着不同程度的提高,在此基础上施工人员更容易接受管理者发出的指令和命令,而不会存在逆反心理。因此,随着社会资本水平的提高,管理行为对安全遵守行为的影响关系得到加强,假设H7得到支持。

4. 社会资本在管理行为对安全参与行为影响关系之间的调节作用

根据上文分析结果,社会资本(包括结构维度、关系维度和认知维度)在管理行为对自我参与和安全利他行为影响关系之间不存在显著的正向调节作用。主要原因是施工人员对管理行为的认识主要是对执行安全规范、制度和发布指令的行为,社会资本的提高在积极参与安全活动、帮助他人等方面并没有显著的影响,因此,假设H8没有得到支持。

第8章 社会资本嵌入的管理者行为与施工人员安全行为演化博弈分析

上文对各变量的作用关系进行了实证分析，考虑到工程实践中管理者行为与施工人员安全行为会随着时间的变化而发生变化，本章采用演化博弈的理论与方法，进一步分析管理者与施工人员安全行为的动态演化过程，并在嵌入社会资本因子后，求解管理者行为与施工人员安全行为的演化均衡策略，从而为进一步提高管理者与施工人员的安全行为水平提供理论支持。

8.1 方法介绍

演化博弈理论是对经典博弈理论的改造与发展，经历了从经济学到生物学再到经济学的演变过程。经典博弈论以Nash为代表，基本假定包括：人是完全理性的、信息和知识是共同的以及事先给定等。经典博弈论忽视了人的有限理性且没有给出均衡策略的求解过程，因此存在一定的缺陷[202]。起初，生物学家根据生物演化的规律，利用传统博弈论中策略互动的思想构造各种生物竞争演化的模型，将传统博弈中的支付函数转化为生物适应度函数，引入突变机制和选择机制将传统纳什均衡转化为演化稳定均衡(evolutionarily stable equilibrium)和复制者动态模型(replicator dynamics model)[203, 204]；随后，经济学家又将演化博弈的思想应用到经济学中，进一步推动了演化博弈理论的发展，包括随机稳定均衡(stochastically stable equilibrium)和个体学习动态模型等理论的产生。

演化博弈论假设参与主体为有限理性，且会根据博弈的结果不断发生变化，其重点在于分析参与主体的学习机制和均衡策略演化的过程。演化博弈理论的基本分析内容和结构可以分为博弈框架、适应度函数、演化过程和演化稳定均衡四部分内容[205]，下面分别进行简要阐述。

1. 博弈框架

博弈框架是指主体之间博弈的结构和规则，其由特定的技术和制度条件决定。与经典博弈论不同，演化博弈的假定条件是博弈的参与人从某个群体中随机选择出来，博弈参与主体为有限理性，双方不具有博弈要求的全部信息和知识，而各主体博弈策略的选择也不是基于完全理性，而是通过某种学习机制获得。

2. 适应度函数

借鉴生物学中适应度的概念，演化博弈将经典博弈中的支付函数转化为适应度函数，表示博弈参与人在选择某种策略后采用该策略的人数在每个周期的增长率。适应度函数主要取决于博弈主体的期望收益。

3. 演化过程

对群体规模和博弈策略频率的演化过程分析是演化博弈的重要特点之一，主要包括选择机制和变异机制两个方面，前者相当于生物学中基因遗传过程，是构建演化博弈模型的重要部分，其体现在复制者动态模型当中；后者是指博弈个体策略的随机选择，但并不产生新的策略，变异机制主要为验证演化均衡的稳定性，对演化博弈模型的构建影响并不大。

4. 演化稳定均衡

演化稳定均衡是演化博弈的均衡状态，由于演化博弈中的复制者动态模型为非线性，很难求出唯一解，因此对演化博弈均衡状态的分析转换为对均衡的稳定性分析。演化稳定均衡的含义是指一个演化稳定均衡策略应当存在一个入侵障碍，当变异策略的频率低于该障碍时，该演化稳定均衡策略能够比变异策略获得更高的收益。

演化博弈理论主要解决有限理性的群体参与者如何通过具体的动态学习模仿过程，达到稳定均衡状态的相关问题，现已广泛应用在各类社会经济活动中，也有学者开始探索其在建筑安全方面的应用，如对建筑安全监管的演化博弈分析、安全管理的演化博弈分析等。本章以管理者行为与施工人员安全行为为研究对象，利用演化博弈的理论与方法分析二者之间的演化规律，并在考虑社会资本因素的情况下，分析管理者行为与施工人员安全行为的演化稳定均衡状态，从而为提高施工企业安全管理水平，提高施工人员安全行为水平提供理论支持和建议。

💡 8.2 管理者与施工人员安全行为演化博弈分析

8.2.1 基本假设和模型建立

假设在工程项目实施过程中存在管理者和施工人员两个群体，每次从各个群体中选取一对管理者和施工人员进行配对博弈，两个主体均为有限理性，根据对方的行为和自身的收益，在考虑长期合作的情况下不断改变自身的策略，最终达到均衡的状态。在现有的建筑安全法规和制度框架下，管理者(记为 A)和施工人员(记为 B)的策略空间为(安全行为，不安全行为，分别记为 S，N)，管理者的行为包括领导行为和管理行为等，施工人员的安全行为包括安全遵守行为、自我参与行为和安全利他行为等。假设如下：

(1) 管理者和施工人员均不进行安全行为水平的提升，则此时二者的正常收益分别为 ρ_a 和 ρ_b，其中，$\rho_a > 0$，$\rho_b > 0$。

(2) 管理者和施工人员均努力提升各自的安全行为水平，就会有效降低项目实施过程中的安全事故，从而减少安全事故对二者的损失，提高其收益，此时管理者和施工人员的收益分别记为 $\rho_a + \alpha\rho_a - c_a$、$\rho_b + \beta\rho_b - c_b$，其中 α 和 β 分别为管理者和施工人员进行安全行为水平提升后的收益转化系数，$\alpha > 0$，$\beta > 0$；c_a 和 c_b 分别为管理者和施工人员为提升安全行为水平进行的包括人力、物力和财力方面的投入成本，$c_a > 0$，$c_b > 0$。

(3) 当只有管理者努力提升其安全行为水平，而施工人员不进行安全行为水平提高时，管理者会因为自身安全管理水平的提高而提高项目的整体安全水平，从而获得一定的收益，此时管理者的收益为 $\rho_a + \alpha\rho_a - c_a$；而施工人员由于管理者监督管理工作的提升避免受到一些事故损害，从而由于自己"搭便车"的行为获得较多的收益，此时收益记为 $\rho_b + \Delta p_b$，其中 $\Delta p_b > 0$。

(4) 当只有施工人员提升其安全行为水平，而管理者不进行安全行为水平提高的努力时，施工人员由于其安全行为水平的提高尽量避免受到安全事故的损害，也会在整体上促进项目的安全水平，此时施工人员的收益为 $\rho_b + \beta\rho_b - c_b$；而管理者由于自己"搭便车"的行为获得较多的收益，此时收益记为 $\rho_a + \Delta p_a$，其中 $\Delta p_a > 0$。

根据以上假设，建立管理者与施工人员的支付矩阵，如表8.1所示。

表8.1 单个管理者与施工人员的支付矩阵

管理者A 施工人员B	安全行为S_b	不安全行为U_b
安全行为S_a	$\rho_a+\alpha\rho_a-c_a$, $\rho_b+\beta\rho_b-c_b$	$\rho_a+\alpha\rho_a-c_a$, $\rho_b+\Delta p_b$
不安全行为S_a	$\rho_a+\Delta p_a$, $\rho_b+\beta\rho_b-c_b$	ρ_a, ρ_b

8.2.2 演化过程的平衡点分析

管理者和施工人员虽然基于法律和合同的原因均具有做出安全行为的责任和义务，但由于市场环境的复杂性和人都只具备有限理性，各主体往往并不会严格地做出安全行为。而在施工安全行为决策方面，管理者和施工人员会基于对方的决策不断演化，最终达到动态均衡。演化博弈中的复制者动态假设采取某种策略的群体的增长率取决于它的适应度，适应度高的策略收益也高，其占有的比例也高，而该群体中其他个体通过模仿这些适应度高的个体从而达到整个行业的均衡。

假设在管理者群体A中，选择安全行为策略的比例为$x(0 \leqslant x \leqslant 1)$，则管理者群体中选择不安全行为策略的比例为$(1-x)$；在施工人员群体B中，选择安全行为策略的比例为$y(0 \leqslant y \leqslant 1)$，则管理者群体中选择不安全行为策略的比例为$(1-y)$。

对于管理者而言，选择进行安全行为策略的适应度为

$$X_{a1}=y(\rho_a+\alpha\rho_a-c_a)+(1-y)(\rho_a+\alpha\rho_a-c_a) \tag{8-1}$$

选择进行不安全行为策略的适应度为

$$X_{a2}=y(\rho_a+\Delta p_a)+(1-y)\rho_a \tag{8-2}$$

则平均适应度为

$$\overline{X_a}=xX_{a1}+(1-x)X_{a2} \tag{8-3}$$

根据Malthusian方程，管理者群体A选择进行安全行为策略数量的增长率等于其适应度减去平均适应度，t为时间，整理得管理者A的复制动态方程如式(8-4)所示。

$$\overset{g}{x}=\frac{\mathrm{d}x}{\mathrm{d}t}=x(X_{a1}-\overline{X_a})=x(1-x)(\alpha p_a-c_a-y\Delta p_a) \tag{8-4}$$

同理，对施工人员而言，选择进行安全行为策略的适应度为

$$Y_{b1}=x(\rho_b+\beta\rho_b-c_b)+(1-x)(\rho_b+\beta\rho_b-cb) \tag{8-5}$$

选择进行不安全行为策略的适应度为

$$Y_{b2}=x(\rho_b+\Delta p_b)+(1-x)\rho_b \tag{8-6}$$

则平均适应度为

$$\overline{Y_b} = yY_{b1} + (1-y)Y_{b2} \tag{8-7}$$

整理得施工人员B的复制动态方程如式(8-8)所示。

$$\overset{g}{y} = \frac{\mathrm{d}y}{\mathrm{d}t} = y(Y_{a1} - \overline{Y_a}) = y(1-y)(\beta p_b - c_b - x\Delta p_b) \tag{8-8}$$

由式(8-4)和式(8-8)共同构成了管理者和施工人员安全行为的二维动力系统,令$\overset{g}{x}$和$\overset{g}{y}$等于0,可得系统的5个平衡点分别为 $E_1:\{x=0, y=0\}$; $E_2:\{x=0, y=1\}$; $E_3:\{x=1, y=0\}$; $E_4:\{x=1, y=1\}$; $E_5:\left\{x=\dfrac{\beta p_b - c_b}{\Delta p_b}, y=\dfrac{\alpha p_a - c_a}{\Delta p_a}\right\}$。

由于复制者动态模型求出的平衡点并不一定代表系统的演化稳定均衡策略(ESS),本章借鉴Friedman[206]提出的从系统雅克比矩阵的局部稳定性分析系统演化稳定点的方法,该系统的雅克比矩阵为

$$J = \begin{bmatrix} \partial\overset{g}{x}/x & \partial\overset{g}{x}/y \\ \partial\overset{g}{y}/x & \partial\overset{g}{y}/y \end{bmatrix} = \begin{bmatrix} (1-2x)(\alpha p_a - c_a - y\Delta p_a) & -x(1-x)\Delta p_a \\ -y(1-y)\Delta p_b & (1-2y)(\beta p_b - c_b - x\Delta p_b) \end{bmatrix} \tag{8-9}$$

当且仅当矩阵的秩条件det$J$>0和矩阵的迹条件tr$J$<0时,复制者动态模型的平衡点是系统的局部稳定点,即是该系统的演化稳定策略(ESS)。其中:

$$\det J = (\partial\overset{g}{x}/x)(\partial\overset{g}{y}/y) - (\partial\overset{g}{x}/y)(\partial\overset{g}{y}/x) \tag{8-10}$$

$$\mathrm{tr}J = \partial\overset{g}{x}/x + \partial\overset{g}{y}/y \tag{8-11}$$

5个平衡点的det$J$和tr$J$计算如下:

E_1: $\det J = (\alpha p_a - c_a)(\beta p_b - c_b)$
$\quad\;\; \mathrm{tr}J = \alpha p_a - c_a + \beta p_b - c_b$

E_2: $\det J = -(\alpha p_a - c_a - \Delta p_a)(\beta p_b - c_b)$
$\quad\;\; \mathrm{tr}J = \alpha p_a - c_a - \Delta p_a - (\beta p_b - c_b)$

E_3: $\det J = -(\alpha p_a - c_a)(\beta p_b - c_b - \Delta p_b)$
$\quad\;\; \mathrm{tr}J = -(\alpha p_a - c_a) + \beta p_b - c_b - \Delta p_b$

E_4: $\det J = (\alpha p_a - c_a - \Delta p_a)(\beta p_b - c_b - \Delta p_b)$
$\quad\;\; \mathrm{tr}J = -(\alpha p_a - c_a - \Delta p_a) - (\beta p_b - c_b - \Delta p_b)$

E_5: $\det J = -\dfrac{(\alpha p_a - c_a)(\Delta p_a - \alpha p_a + c_a)(\beta p_b - c_b)(\Delta p_b - \beta p_b + c_b)}{\Delta p_a \Delta p_b}$
$\quad\;\; \mathrm{tr}J = 0$

令 $\alpha_1 = \dfrac{c_a}{p_a}$，$\beta_1 = \dfrac{c_b}{p_b}$，$\alpha_2 = \dfrac{c_a + \Delta p_a}{p_a}$，$\beta_2 = \dfrac{c_b + \Delta p_b}{p_b}$。

根据雅克比矩阵分析平衡点稳定性的规则，各种情况下平衡点的演化稳定情况如表8.2所示。

表8.2　各种情况下平衡点的演化稳定情况

情况分类	平衡点	detJ	trJ	局部稳定性
情况1 $0<\alpha<\alpha_1$ $0<\beta<\beta_1$	E_1	+	−	ESS
	E_2	−		鞍点
	E_3	−		鞍点
	E_4	+	+	不稳定点
情况2 $0<\alpha<\alpha_1$ $\beta_1<\beta<\beta_2$	E_1	−		鞍点
	E_2	+	−	ESS
	E_3	−		鞍点
	E_4	+	+	不稳定点
情况3 $0<\alpha<\alpha_1$ $\beta>\beta_2$	E_1	−		鞍点
	E_2	+	−	ESS
	E_3	+	+	不稳定点
	E_4	−		鞍点
情况4 $\alpha_1<\alpha<\alpha_2$ $0<\beta<\beta_1$	E_1	−		鞍点
	E_2	−		鞍点
	E_3	+	−	ESS
	E_4	+	+	不稳定点
情况5 $\alpha_1<\alpha<\alpha_2$ $\beta_1<\beta<\beta_2$	E_1	+	+	不稳定点
	E_2	+	−	ESS
	E_3	+	−	ESS
	E_4	+	+	不稳定点
	E_5	−		鞍点
情况6 $\alpha_1<\alpha<\alpha_2$ $\beta>\beta_2$	E_1	+	+	不稳定点
	E_2	+		ESS
	E_3	−		鞍点
	E_4	−		鞍点
情况7 $\alpha>\alpha_2$ $0<\beta<\beta_1$	E_1	−		鞍点
	E_2	+	+	不稳定点
	E_3	+	−	ESS
	E_4	−		鞍点

(续表)

情况分类	平衡点	detJ	trJ	局部稳定性
情况8 $\alpha > \alpha_2$ $\beta 1 < \beta < \beta_2$	E_1	+	+	不稳定点
	E_2	−		鞍点
	E_3	+	−	ESS
	E_4	−		鞍点
情况9 $\alpha > \alpha_2$ $\beta > \beta_2$	E_1	+	+	不稳定点
	E_2	−		鞍点
	E_3	−		鞍点
	E_4	+	−	ESS

8.2.3 演化结果分析

根据上述分析，可以得出管理者与施工人员安全行为演化博弈过程的相位图，如图8.1所示。

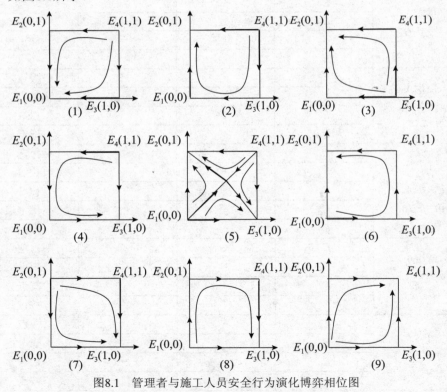

图8.1 管理者与施工人员安全行为演化博弈相位图

结合上述分析，可以对管理者行为与施工人员安全行为的演化博弈结果作如下解释。

(1) 当管理者和施工人员进行安全行为的收益转化系数较小($0<\alpha<\alpha_1$，$0<\beta<\beta_1$)，即二者进行安全行为投入的成本带来较小的收益时，管理者和施工人员安全行为的演化均衡点为$E_1(0，0)$，如图8.1(1)所示，即管理者和施工人员群体的演化均衡策略为不安全行为策略。这是因为，当他们在为提升安全行为水平付出一定的努力后获得的收益不足以弥补其付出的成本时，就会有越来越多的人选择不安全行为。在工程实践中主要表现在，管理者为取得缩短工期、节省成本等利益目标而采取违章指挥、疏于管理等不安全行为，施工人员为自身舒适、提高工作量等利益目标而采取违规操作等冒险行为。

(2) 当管理者进行安全行为的收益转化系数不变，而施工人员进行安全行为的收益转化系数有所增长($0<\alpha<\alpha_1$，$\beta_1<\beta<\beta_2$)，即管理者进行安全行为获得的收益仍然小于其付出的成本，但施工人员进行安全行为获得的收益大于其付出的成本但小于其"搭便车"行为增加的收益Δp_b时，管理者和施工人员安全行为的演化均衡点为$E_2(0，1)$，如图8.1(2)所示，演化均衡策略为管理者不采取安全行为策略，施工人员采取安全行为策略。这是因为，当管理者进行安全行为的收益转化率较低时其不会采取安全行为策略，而施工人员也因此不会有"搭便车"的机会，但施工人员进行安全行为会使其获得高于其成本的收益，施工人员便会采取安全行为策略。在工程实践中主要表现在，施工人员遵守安全规范、积极参与安全活动从而达到有效避免伤害，提高工作效率等情况。

(3) 当管理者进行安全行为的收益转化系数不变，而施工人员进行安全行为的收益转化系数继续提高($0<\alpha<\alpha_1$，$\beta>\beta_2$)，即管理者进行安全行为获得的收益仍然小于其付出的成本，但施工人员进行安全行为获得的收益大于其付出的成本和"搭便车"行为增加的收益时，管理者和施工人员安全行为的演化均衡点与第二种情况相同，为$E_2(0，1)$，如图8.1(3)所示，演化均衡策略为管理者不采取安全行为策略，施工人员采取安全行为策略。该情况的主要原因和工程实践表现与第二种情况类似。

(4) 当管理者进行安全行为的收益转化系数有所提高，但施工人员进行安全行为的收益转化系数为较低水平($\alpha_1<\alpha<\alpha_2$，$0<\beta<\beta_1$)，即管理者进行安全行为获得的收益大于其付出的成本，但小于其"搭便车"获得的收益Δp_a，施工人员进

行安全行为获得收益小于其付出的成本时，管理者和施工人员安全行为的演化均衡点为$E_3(1, 0)$，如图8.1(4)所示，演化均衡策略为管理者采取安全行为策略，施工人员不采取安全行为策略。同理，当施工人员进行安全行为获得的收益不足以弥补其付出的成本时，便会采取不安全行为策略，而管理者也无法"搭便车"，但由于管理者进行安全行为获得的收益大于其付出的成本，其仍然会采取安全行为策略。在工程实践中主要表现在，施工人员为自身舒适、提高工作量等利益目标而采取违规操作等冒险行为，而管理者为提高项目安全水平降低项目安全隐患而采取完善、严格的安全管理措施等，从而使得项目在实施过程中出现较低的事故率，提高了工作效率，降低了损失。

（5）当管理者和施工人员进行安全行为的收益转化系数均有所提高（$\alpha_1 < \alpha < \alpha_2$，$\beta_1 < \beta < \beta_2$），即管理者和施工人员进行安全行为获得的收益均可以弥补其付出的成本，但小于其各自"搭便车"获得的收益Δp_a和Δp_b时，管理者和施工人员安全行为的演化均衡点为$E_2(0, 1)$和$E_3(1, 0)$，如图8.1(5)所示，演化均衡策略为管理者不采取安全行为策略、施工人员采取安全行为策略，和管理者采取安全行为策略、施工人员不采取安全行为策略。这是因为，管理者和施工人员进行安全行为的收益均大于其付出的成本，二者均具有采取安全行为策略的动机，但由于其"搭便车"行为给自身带来的收益较大，因此二者会基于对方采取安全行为而采取"搭便车"行为。在工程实践中主要表现在，在管理者采取较完善的安全保护措施、安全监督和检查制度等行为的前提下，施工人员容易依赖此条件而不注意自身的安全行为，甚至做出一些不安全行为；相反，在施工人员综合素质较高，安全行为水平较高时，管理者会据此在安全管理方面进行较少的投入，在安全行为方面表现不足。

（6）当管理者和施工人员进行安全行为的收益转化系数均有所提高且施工人员安全行为的收益转化系数有较大提高（$\alpha_1 < \alpha < \alpha_2$，$\beta > \beta_2$），即管理者和施工人员进行安全行为获得的收益可以弥补其付出的成本，且施工人员进行安全行为的收益大于其"搭便车"获得的收益Δp_b时，管理者和施工人员安全行为的演化均衡点为$E_2(0, 1)$，如图8.1(6)所示，演化均衡策略为管理者不进行安全行为策略，施工人员进行安全行为策略。这是因为，施工人员进行安全行为的收益较大，且大于其"搭便车"获得的收益，因此，施工人员会采取安全行为策略。而管理者进行安全行为获得的收益小于其"搭便车"获得的收益，因此在施工人员采取安全行为策略的前提下，管理者会做出"搭便车"行为，而不会在安全行为方面进行过多的投入。

(7) 当管理者进行安全行为的收益转化系数有较大提高，而施工人员进行安全行为的收益转化系数较低($\alpha>\alpha_2$，$0<\beta<\beta_1$)，即管理者进行安全行为获得的收益不仅可以弥补其付出的成本还大于其"搭便车"获得的收益Δp_a，但施工人员进行安全行为获得的收益不足以弥补其付出的成本时，管理者和施工人员安全行为的演化均衡点为E_3(1，0)，演化均衡策略为管理者进行安全行为策略，施工人员不进行安全行为策略。这是因为，管理者进行安全行为的收益较大，且大于其搭便车的收益，因此会主动选择进行安全行为策略。而施工人员进行安全行为的收益较小，且其可以基于管理者进行安全行为策略而采取"搭便车"行为，所以不会采取进行安全行为策略，即不会在安全行为水平提高方面作出更多努力。

(8) 当管理者进行安全行为的收益转化系数有较大提高，而施工人员进行安全行为的收益转化系数也有所提高($\alpha>\alpha_2$，$\beta_1<\beta<\beta_2$)，即管理者进行安全行为获得的收益大于其"搭便车"获得的收益Δp_a，施工人员进行安全行为获得收益大于其付出的成本但小于其"搭便车"获得的收益Δp_b时，与情况(7)类似，管理者和施工人员安全行为的演化均衡点为E_3(1，0)，演化均衡策略为管理者进行安全行为策略，施工人员不进行安全行为策略。这是因为，管理者进行安全行为的收益较大，且大于其搭便车的收益，因此会主动选择进行安全行为策略。而施工人员进行安全行为的收益小于其"搭便车"获得的收益，因此会选择不进行安全行为而"搭便车"。

(9) 当管理者和施工人员进行安全行为的收益转化系数均比较大($\alpha>\alpha_2$，$\beta>\beta_2$)，即管理者和施工人员进行安全行为获得的收益均大于其付出的成本且大于其"搭便车"获得的收益时，管理者和施工人员安全行为的演化均衡点为E_4(1，1)，演化均衡策略为管理者和施工人员均选择安全行为策略。这是因为当二者进行安全行为获得的收益均比较大时，便具有主动进行安全行为的动机，而不会采取"搭便车"行为。在工程实践中主要表现在，一个安全制度比较完善、人员素质较高的企业中管理者和施工人员都因为具有良好的安全行为水平而获得较高的效益，包括受到较小的事故损失，获得较高的经济效益等。

综上所述，除情况(9)的演化均衡策略为管理者和施工人员选择安全行为策略外，其他各类情况的演化均衡策略均由于其各自的收益转化系数较低而导致二者不会同时选择安全行为策略。如上文所述，对于施工企业而言，管理者和施工人员行为之间的影响关系除受到相关规范制度的影响，还会受到二者之间沟通、信任、情感等一系列非正式规范的影响。因此，为使管理者和施工人员的演化均衡策略为均选择安全行为策略，本章引入社会资本因子，以发挥在各主体收益转化系数较小时不选择进行安全行为策略或进行"搭便车"行为时的调节作用。

8.3　社会资本嵌入的演化博弈分析

根据上文分析，社会资本在管理者领导行为和管理行为与施工人员安全遵守和安全参与行为之间具有一定的调节作用，主要是因为管理者和施工人员之间形成的社会资本会在心理和行为两方面对施工人员产生影响，换言之，即在管理者选择进行安全行为策略的时候，施工人员是否跟随管理者选择安全行为策略除考虑自身的成本和收益外，还会考虑是否会为管理者付出回报而采取跟随策略，此种回报虽不是显著的经济效益，但施工人员会根据其与管理者之间社会资本水平的高低而选择是否做出此种回报行为[81, 89]，反之亦然。因此，在考虑社会资本因素的情况下，管理者和施工人员安全行为的支付矩阵如表8.3所示。

表8.3　社会资本嵌入时管理者与施工人员的支付矩阵

施工人员B 管理者A	安全行为 S_b	不安全行为 U_B
安全行为 S_a	$\rho_a+\alpha\rho_a-c_a+T_a,\ \rho b+\beta\rho_b-c_b+T_b$	$\rho_a+\alpha\rho_a-c_a,\ \rho b+\Delta p_b-T_b$
不安全行为 S_a	$\rho_a+\Delta p_a-T_a,\ \rho b+\beta\rho_b-c_b$	$\rho_a,\ \rho_b$

由表8.3可以看出，在考虑社会资本因素时，当管理者和施工人员均选择进行安全行为策略时，二者的行为会对对方形成一定的回报，即一方的行为会对另一方在心理和行为上形成一定的鼓励和认可，从而提高其进行安全行为的收益，该增量收益分别记为 $+T_a$ 和 $+T_b$。在管理者进行安全行为策略，而施工人员不进行安全行为策略时，施工人员会因此而对自身造成一定的损失，即降低了管理者对施工人员的信任、感情、认知等社会资本的要素水平，从而在整体上降低了其收益；反之，施工人员进行安全行为策略，而管理者不进行安全行为策略，也会对管理者的收益造成一定的损失，该减量损失分别记为 $-T_b$ 和 $-T_a$。

此时，管理者和施工人员安全行为系统的复制动态方程分别为

$$\overset{g}{x} = \frac{dx}{dt} = x(X_{a1} - \overline{X_a}) = x(1-x)(\alpha p_a - c_a - y\Delta p_a + 2yT_a) \tag{8-12}$$

$$\overset{g}{y} = \frac{dy}{dt} = y(Y_{a1} - \overline{Y_a}) = y(1-y)(\beta p_b - c_b - x\Delta p_b + 2xT_b) \tag{8-13}$$

由式(8-12)和式(8-13)共同构成了管理者和施工人员安全行为的二维动力系统，令$\overset{g}{x}$和$\overset{g}{y}$等于0，可得系统的5个平衡点分别为$E_1:\{x=0,y=0\}$；$E_2:\{x=0,y=1\}$；

$$E_3:\{x=1,y=0\} ; \quad E_4:\{x=1,y=1\} ; \quad E_5:\left\{x=\frac{\beta p_b - c_b}{\Delta p_b - 2T_b}, y=\frac{\alpha p_a - c_a}{\Delta p_a - 2T_a}\right\} 。$$

该系统的雅克比矩阵为

$$J = \begin{bmatrix} \partial\overset{g}{x}/x & \partial\overset{g}{x}/y \\ \partial\overset{g}{y}/x & \partial\overset{g}{y}/y \end{bmatrix} = \begin{bmatrix} (1-2x)(\alpha p_a - c_a - y\Delta p_a + 2yT_a) & -x(1-x)(\Delta p_a - 2T_a) \\ -y(1-y)(\Delta p_b - 2T_b) & (1-2y)(\beta p_b - c_b - x\Delta p_b + 2xT_b) \end{bmatrix} \tag{8-14}$$

要使平衡点(1,1)为系统演化稳定点且其他平衡点不是系统的演化稳定点。其条件是使得平衡点处的det$J>0$且tr$J<0$，即下列不等式成立

$$\det J = (\partial\overset{g}{x}/x)(\partial\overset{g}{y}/y) - (\partial\overset{g}{x}/y)(\partial\overset{g}{y}/x) > 0$$
$$= (\alpha p_a - c_a - \Delta p_a + 2T_a)(\beta p_b - c_b - \Delta p_b + 2T_b) > 0$$

$$\text{tr}J = \partial\overset{g}{x}/x + \partial\overset{g}{y}/y < 0$$
$$= -(\alpha p_a - c_a - \Delta p_a + 2T_a) - (\beta p_b - c_b - \Delta p_b + 2T_b) < 0$$

$$即\ \alpha p_a - c_a - \Delta p_a + 2T_a > 0\ 且\ \beta p_b - c_b - \Delta p_b + 2T_b > 0$$

解得$T_a > \Delta p_a - (\alpha p_a - c_a)$，$T_b > \Delta p_b - (\alpha p_b - c_b)$，即在考虑社会资本因素情况下，采取安全行为策略带来的收益大于其"搭便车"获得的收益与进行安全行为投入收益之差时，管理者和施工人员均会选择进行安全行为策略。此时，各平衡点的稳定性分析结果如表8.4所示。

表8.4　社会资本嵌入的平衡点分析

平衡点	detJ	trJ	局部稳定性
(0,0)	+	+	不稳定
(0,1)	−		鞍点
(1,0)	−		鞍点
(1,1)	+	−	ESS

据此可得系统的演化过程相位图，如图8.2所示。

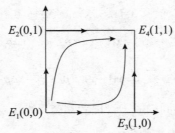

图8.2　社会资本嵌入时的演化博弈相位图

综上所述，在考虑社会资本因素，且令社会资本给二者带来一定的收益后，管理者和施工人员可以达到都选择进行安全行为策略的演化均衡状态，这也是保障建筑施工项目安全、健康、顺利进行的基本条件。结合上述分析结果，管理者和施工人员达到选择安全行为策略的演化均衡状态主要可以通过以下两种途径进行。

1. 提高管理者和施工人员的安全行为收益转化系数

根据上述分析结果，在不考虑社会资本因素情况下，只有管理者和施工人员进行安全行为的收益转化系数均大于其"搭便车"获得的收益时，他们才会采取进行安全行为策略。提高收益转化系数一方面需要对管理者和施工人员的专业能力和水平进行提高，通过提高其行为能力使其能够感受到行为水平改善带来的真正效益，这在当前许多理论研究和实践活动中均得到了体现，如BBS理论的研究与应用、安全管理项目的开展等都是通过努力提升管理者和施工人员的安全行为水平提高其收益，从而达到他们能够主动进行安全行为的效果。另一方面需要改善他们对安全行为收益转化的认知，因为人们在行为决策时，往往会以其行为所需付出的成本和将要获得的收益为依据，但由于其有限理性和行为环境的复杂性，经常会作出不正确的决策。对建筑施工活动而言，管理者和施工人员会依据其工作经验和项目安全状态对自身行为情况作出决策，当项目安全事故较少时，管理者和施工人员会对其进行安全行为水平提高付出的成本和得到的效益进行比较分析，此时往往会得出进行安全行为付出的成本大于其获得的收益的结果，也因此不采取安全行为策略。此外，管理者和施工人员也会因为对方在安全行为方面表现较好而不会在自身层面进行更多的付出，因为依靠对方的努力，自身就能获得较大安全的保障。然而，安全事故总是隐藏于细枝末节中，一旦触发将会造成巨大的损失，而进行安全行为得到的损失减少往往不被管理者和施工人员所重视和衡量。因此，长远来看，管理者和施工人员应保证选择安全行为策略以将事故产生的可能性降到最低。

2. 提高管理者和施工人员之间的社会资本水平

社会资本对各主体行为的影响作用已经逐渐得到人们的认可，本章通过上述理论和实证分析也验证了管理者和施工人员之间形成的社会资本对其安全行为均具有显著的积极影响。上文通过设定社会资本对各主体行为是否一致带来的收益和损失得出当社会资本带来的收益大于一定水平时，各主体也会因此社会资本的存在而积极采取安全行为策略。社会资本同传统的强制性规范和制度不同，主要依靠人与人之间的情感和关系等纽带形成，社会资本也不依靠层级关系、合同关系等影响人们之间的行为决策，而是依靠非正式规范影响人们的行为，主要体现在精神和意识层面的影响。针对建筑施工活动，管理者和施工人员的行为决策除受到强制性规范和命令的影响，还在很大程度上受各主体之间的感情、关系、信任与价值观的影响，人的"社会性"使其在作出行为决策时不得不考虑与他人形成的社会资本。当施工人员和管理者之间形成较好的社会资本时，双方在行为决策时便具有较高的一致性。当一方采取安全行为策略时，另一方以同样的行为策略做出回应以回报对方，他们会以此种行为作为自身的行为准则。此种行为也会使其在整个群体中得到更高的认同和尊重，这在具有较高社会资本水平的群体中会被认为是一种收益。因此，管理者应主动寻求建立社会资本的方法，努力提高与施工人员之间的社会资本水平，以社会资本约束和激励对方的行为，建立一个具有良好安全氛围的施工环境。

第9章　结论与展望

建筑行业是关系国计民生的重要行业之一，建筑行业的健康安全发展是国家经济发展和人们生命财产安全的基础。施工企业作为每一个建筑施工项目的主要实施主体，其项目管理人员和施工人员的安全行为水平对项目安全具有至关重要的作用。如何提高管理者和施工人员的行为水平一直是国内外理论界和实务界积极关注和探索的问题，本书从社会学角度引入社会资本因素探索分析了管理者行为对施工人员安全行为的影响关系，从而为提高施工企业管理者安全管理水平、提高施工人员的安全行为水平提供理论支持。

9.1　研究结论

本书以管理者行为和施工人员安全行为之间影响关系为研究对象，在相关文献和理论研究的基础上，从组织层面、社会环境层面和个体层面分析施工人员安全行为关键影响因素，分别对组织安全行为对施工人员安全行为的影响以及社会资本对施工人员安全行为的影响进行了实证分析，运用案例研究法探索发现了社会资本、管理者行为和施工人员安全行为的影响关系，并构建了管理者行为对施工人员安全行为影响关系的理论模型，运用结构方程理论与方法实证分析了二者之间的作用关系，最后采用演化博弈的理论与方法分析了二者的动态演化均衡策略，并结合上述研究结果提出了相关建议。综上，本书的研究结论可以归纳为以下四点。

1. 施工人员与他人之间形成的社会资本有助于组织安全管理效率、个体安全认知及安全行为水平的提高

社会资本是存在于主体之间的一种关系资本，各主体可以利用该关系资本达到自身的某种行动目的。本书通过对社会资本关系维度在组织安全行为对个体安全行为影响关系的调节作用以及社会资本对个体安全认知及安全行为的影响关系的实证分析得出，社会资本一方面能够促进管理者和施工人员之间建立良好的信任和沟通机制，从而组织促进安全管理政策的落实，另一方面能够促进施工人员自身在安全意识、安全知识方面的提高，从而对其安全遵守和安全参与水平提供有益的支持。

2. 施工项目管理者和施工人员之间的社会资本由他们的互动与联系、信任、共同语言等要素构成

社会资本是存在于主体之间的一种关系资本，各主体可以利用该关系资本达到自身的某种行动目的。本书以一个工程项目为例，通过数据收集和现场访谈等方式收集了相关数据，借鉴社会资本理论的内涵，指出在施工项目管理者和施工人员之间同样存在社会资本，并且该种社会资本会影响他们的行为。存在于管理者和施工人员之间的社会资本主要分为结构维度、关系维度和认知维度三个方面。结构维度是指管理者和施工人员之间的互动与联系、信息的共享以及个体处于网络的中心程度等。施工项目的场地较大，人员之间较为分散，传统的依靠管理制度和强制命令管理工人的手段并不能起到很好的效果，而依靠管理者与施工人员之间的沟通和联系、信息的共享等手段能够更好地达到传达管理者管理目标和策略的目的，据此实现管理员工的目标。关系维度是指管理者和施工人员之间形成的信任关系、互惠性规范和组织认同等。主要体现了管理者和施工人员之间的关系和感情等，根据社会交换理论，当两个主体之间的关系和感情较好时，一方会根据另一方的行为做出某种行为以作为回报，在施工项目管理过程中，施工项目管理者更擅长通过提升其与施工人员之间的感情和关系达到管理的目的。认知维度是指管理者和施工人员之间形成的共同语言、共同愿景和共同价值观等。由于建筑施工项目的人员流动性较大，企业在培养员工的共同愿景和共同价值观方面并不容易，但管理者仍会借助相关手段努力培养施工人员在安全施工方面的共同愿景和价值观，如现场安全标志的设置、安全会议的召开等。因此，在建筑施工项目中，管理者和施工人员之间存在一定程度的社会资本，且社会资本在管理者的安全管理活动中能起到一定的影响作用。

3. 管理者行为、施工人员安全行为和社会资本之间具有显著的影响关系

为进一步验证管理者行为、施工人员安全行为和社会资本之间的影响关系，本书通过问卷调查的方式收集了相关数据，利用结构方程的方法对本书构建理论模型进行了实证分析，得出了三者之间的作用关系。本书将管理者行为进一步分为变革型领导行为、交易型领导行为和管理行为，施工人员安全行为进一步分为安全利他行为、自我参与行为和安全遵守行为，社会资本分为结构维度、关系维度和认知维度。各变量之间具有不同程度的影响作用，社会资本各维度对各变量之间的调节作用也不尽相同，主要包括：①管理者变革型领导行为对施工人员安全利他行为具有显著的积极影响，社会资本(结构维度、关系维度和认知维度)对二者关系具有正向的促进作用；②管理者变革型领导行为对施工人员自我参与行为具有显著的积极影响，社会资本(结构维度和关系维度)对二者关系具有正向的促进作用；③管理者交易型领导行为对施工人员自我参与行为具有显著的积极影响，社会资本(结构维度、关系维度和认知维度)对二者关系具有正向的促进作用；④管理者管理行为对施工人员安全利他行为和自我参与行为具有显著的积极影响；⑤管理者管理行为对施工人员安全遵守行为具有显著的积极影响，社会资本(结构维度、关系维度和认知维度)对二者关系具有正向的促进作用。

4. 提高社会资本的收益水平可以使管理者和施工人员达到均采取安全行为的策略

本书采用演化博弈理论进一步分析了管理者和施工人员的安全行为策略，得出当管理者和施工人员进行安全行为获得的收益大于其"搭便车"的收益时，管理者和施工人员演化均衡策略为均采取安全行为策略；而当他们的收益小于"搭便车"的收益时，管理者和施工人员的演化均衡策略不能达到均采取安全行为的状态。对此，本书进一步分析了在考虑社会资本因素时二者的演化均衡策略，社会资本作为影响二者行为的重要因素之一，也会对管理者和施工人员采取安全行为的收益产生影响，而当社会资本为二者带来的收益大于其"搭便车"收益与进行安全行为获得的收益之差时，管理者和施工人员的演化均衡策略也是均采取安全行为策略。对此，管理者应努力提高其与施工人员的社会资本水平，从而使得社会资本能够给双方带来更大的收益，达到提高双方安全行为水平的目的。

💡 9.2　不足之处与未来研究方向

9.2.1　不足之处

本书从社会资本角度研究了其在管理者行为与施工人员安全行为之间的影响关系，证实了社会资本的重要作用，并指出了施工项目管理者应在提高社会资本水平和施工人员安全行为水平方面做出更大努力，但由于笔者精力和水平有限，本书仍然存在以下两点不足。

1. 对项目内各变量的关系仍有待深入分析

本书对社会资本、管理者行为和施工人员安全行为之间的作用关系进行了探索分析，并据此提出了本书的理论模型，然而对各变量在内在逻辑上如何相互影响，且随着时间的变化各变量的变化情况和作用规律等缺少进一步的分析，该部分需要借鉴心理学、行为学和社会学等方面的实验和方法进行进一步的分析。

2. 对社会资本在各项目中起到的作用仍有待进一步细化

本书以全国部分工程项目为样本，采用现场访谈和问卷调查的方式对各项目的相关数据进行了收集与分析，但对每一个项目中社会资本如何影响各主体安全行为缺少细致的分析。本书得出的社会资本具有重要作用的结论是否适用于其他项目仍有待进一步的分析和检验。

9.2.2　未来研究方向

到目前为止，社会资本理论在建筑施工安全领域的研究还比较少。本书借鉴社会资本理论，分析了管理者和施工人员社会资本在管理者行为和施工人员安全行为之间的调节作用，指出了管理者应当努力提高社会资本水平以提高其和施工人员的安全行为水平。此外，为进一步探索社会资本在建筑施工安全领域发挥的重要作用，本书在后续研究中拟从以下三点展开进一步的研究。

1. 社会资本的形成机理

社会资本对管理者行为与施工人员安全行为的影响关系已经得到验证，然而如何提高管理者和施工人员之间的社会资本仍有待进一步研究，因此对管理者与施工人员之间社会资本形成机理的研究是本书进一步的研究方向，即管理者与施工人员之间社会资本的形成原因和条件是什么，社会资本的形成过程是什么，以及社会资本在形成过程中受到哪些因素的影响。通过对社会资本形成机理的研究可以为施工企业管理者努力提高与施工人员之间的社会资本提供理论依据和建议，从而为二者之间社会资本的提高奠定理论基础。

2. 社会资本与安全行为之间的内在逻辑关系

社会资本对管理者行为与施工人员安全行为之间影响关系的调节作用具有显著影响，而社会资本对安全行为影响关系的内在作用机理仍有待进一步研究，即社会资本是如何影响管理者和施工人员安全行为的。此外，管理者和施工人员安全行为反过来对社会资本也具有一定的影响关系，分析二者之间的相互作用对明确社会资本的重要作用以及寻找提高管理者和施工人员安全行为水平的路径具有重要意义。

3. 社会资本与制度资本在安全管理中的角色定位

社会资本的形成基础包括人与人之间的关系、感情和非正式规范等，与社会资本不同，影响管理者和施工人员行为的因素还包括正式的规范和管理制度，与社会资本类似，此类因素可以称为制度资本。在安全管理过程中，仅依靠制度资本并不能起到较好的效果，但也不能没有制度资本。因此，分析社会资本和制度资本在安全管理中的不同作用和互补关系有利于进一步提高施工企业的安全管理水平。

附　录

表1　社会资本初始测量题项

变量名称	题项编号	题项内容	作者(年份)
社会资本结构维度 (Social capital structural dimension)	SCS1	您与他人联系的频繁程度	Chiu(2006)、韦影(2007)、孙凯(2011)、曲刚等(2011)、李健(2014)、刘海鑫等(2014)
	SCS2	您与他人联系的密切程度	Chiu(2006)、韦影(2007)、孙凯(2011)、曲刚等(2011)、李健(2014)、刘海鑫等(2014)
	SCS3	您日常生活中联系对象的数量	韦影(2007)、李健(2014)
	SCS4	您与他人联系所花费的时间	韦影(2007)、刘海鑫等(2014)
	SCS5	您会在与他人的互动中互相学习	Chiu(2006)、Chen(2008)、姜秀珍等(2011)
	SCS6	当出现问题时，您和他人会以建设性的方式相互讨论	Chen(2008)、姜秀珍等(2011)
	SCS7	在决策中，您与他人通常会交换意见和想法	Chen(2008)、姜秀珍等(2011)
	SCS8	您与其他成员都相互了解	Chiu(2006)、孙凯(2011)、商淑秀和张再生(2013)
	SCS9	您与其他成员易于建立交流技术或管理经验的联系	商淑秀和张再生(2013)
	SCS10	其他成员通常希望您能提供技术支持和管理建议	商淑秀和张再生(2013)
	SCS11	您与某些人在工作之外就相互认识	柯江林等(2006)、刘海鑫等(2014)
	SCS12	您与他人之间有稳定和持久的关系	贺明明等(2012)
	SCS13	您会参与企业举办的聚餐、联谊等非正式活动	柯江林等(2006)
	SCS14	您会在食堂、休息室、走廊等非正式场合与他人交谈	柯江林等(2006)
	SCS15	您会与其他人进行合作	Chen(2008)
	SCS16	您会向上级管理者寻求关于工作方面的支持	Chen(2008)

(续表)

变量名称	题项编号	题项内容	作者(年份)
社会资本关系维度 (Social capital relational dimension)	SCR1	您在与他人的合作过程中，存在损人利己的趋向	Yli-Renko(2001)、Chiu(2006)、韦影(2007)、商淑秀和张再生(2013)、刘海鑫等(2014)
	SCR2	您与他人能真诚合作	Chiu(2006)、韦影(2007)、商淑秀和张再生(2013)、刘海鑫等(2014)
	SCR3	您与他人能相互信守诺言	Yli-Renko(2001)、Chiu(2006)韦影(2007)、孙凯(2011)、商淑秀和张再生(2013)、刘海鑫等(2014)、李健(2014)
	SCR4	您能与他人相互支持	周小虎和马莉(2008)、姜秀珍等(2011)
	SCR5	您周边的人信任和支持您作出改变	Chen等(2008)
	SCR6	您提出新观点和尝试新的做事方式时能得到他人的支持	姜秀珍等(2011)
	SCR7	组织允许采取新的方式做事情	Chen等(2008)
	SCR8	您在工作中与他人相互信任	周小虎和马莉(2008)、姜秀珍等(2011)、孙凯(2011)、商淑秀和张再生(2013)、李健(2014)
	SCR9	针对突发事件您与他人分享的知识是可信的	柯江林等(2006)、李游等(2012)
	SCR10	针对突发事件您与他人的知识分享、承诺是及时的	李游等(2012)
	SCR11	针对突发事件您与他人的知识分享表现具有一贯性	Chiu等(2006)、李游等(2012)、刘海鑫等(2014)
	SCR12	您在组织中有归属感	李游等(2012)
	SCR13	您对于这个组织有一种强烈的积极的感觉	Chiu等(2006)
	SCR14	您为自己成为该组织中的一员而感到自豪	Chiu等(2006)、李游等(2012)
	SCR15	您对组织有凝聚力和亲密感	李游等(2012)
	SCR16	您对组织有良好的感情	李游等(2012)
	SCR17	您与工作合作伙伴维持其合作关系付出努力的程度	贺明明等(2012)

变量名称	题项编号	题项内容	作者(年份)
社会资本关系维度(Social capital relational dimension)	SCR18	您与其他人相信彼此的工作能力，尊重彼此的知识	柯江林等(2006)、彭灿和李金蕻(2011)
	SCR19	您会与相关人员分享工作经验和知识	彭灿和李金蕻(2011)
	SCR20	组织相关人员不会将您与他交流的知识随意泄漏给别人	彭灿和李金蕻(2011)
	SCR22	当工作遇到困难时，项目部相关人员能对您提供帮助	Chiu等(2006)、柯江林等(2006)、彭灿和李金蕻(2011)、秦敏和黄丽华(2011)
	SCR23	管理者能很公平地对待员工	柯江林等(2006)
	SCR24	管理者能很好地体谅员工的工作难处	柯江林等(2006)
	SCR25	您相信上级管理者说的话是诚实可信的	柯江林等(2006)；Karahanna和Preston(2013)
	SCR26	您相信上级管理者有能力胜任他的职务	Karahanna和Preston(2013)
	SCR27	管理者的行为对组织有利	Karahanna和Preston(2013)
社会资本认知维度(Social capital cognitive dimension)	SCC1	您与项目部其他成员有共同语言并能有效沟通	Nahapiet和Ghoshal(1998)、柯江林等(2006)、韦影(2007)、曲刚和李伯森(2011)、贺明明等(2012)、李健(2014)、刘海鑫等(2014)、Karahanna和Preston(2013)
	SCC2	对于您描述的工作问题，其他人都能很快明白	柯江林等(2006)
	SCC3	您对工作有关的专业符号、用语、词义都很清楚	柯江林等(2006)、周小虎和马莉(2008)、彭灿和李金蕻(2011)、姜秀珍等(2011)、刘海鑫等(2014)
	SCC4	您能很好地理解其他人说的关于工作的专业术语	柯江林等(2006)、姜秀珍等(2011)、彭灿和李金蕻(2011)
	SCC5	针对突发事件您能够使用共同的专业术语	Chiu等(2006)、李游等(2012)
	SCC6	您与组织其他成员交流时使用业务术语	Karahanna和Preston(2013)

变量名称	题项编号	题项内容	作者(年份)
社会资本认知维度(Social capital cognitive dimension)	SCC7	您针对工作问题使用的交流方式是大家都能接受和理解的	Chiu等(2006)、李游等(2012)
	SCC8	您与组织其他成员有相似的价值取向,拥有一致的集体目标	韦影(2007)、李健(2014)
	SCC9	您和组织其他成员对如何提升安全效率认识相同	Karahanna和Preston(2013)
	SCC10	您认同组织其他成员采用的工作方案	秦敏和黄丽华(2011)
	SCC11	您与组织团队有共同的目标	Chiu等(2006)、柯江林等(2006)、周小虎和马莉(2008)、姜秀珍等(2011)、曲刚和李伯森(2011)、秦敏和黄丽华(2011)、贺明明等(2012)
	SCC12	您对于项目尤为关键的决策,能够与组织其他成员达成共识	柯江林等(2006)
	SCC13	您和组织其他成员采取必要措施确保项目任务时拥有共同理解	曲刚和李伯森(2011)
	SCC14	您对工作的重要方面(比如关键技术)的理解和认识与组织其他成员具有一致性	柯江林等(2006)、Karahanna和Preston(2013)

表2　管理者行为初始测量题项

变量名称	题项编号	题项内容	作者(年份)
变革型领导行为(transformational leadership behavior)	TFLB1	管理者会超越自身利益进行工作	Avolio等(1999)、Jung和Avolio(2000)、Barling等(2002)、Clarke(2013)
	TFLB2	管理者会与员工谈论价值观	
	TFLB3	管理者会强调集体的任务	
	TFLB4	管理者会与员工积极地讨论工作问题	
	TFLB5	管理者在工作方面对员工显示了信心	
	TFLB6	管理者会提出对工作相关问题的认识	
	TFLB7	管理者会对工作相关问题寻求不同的观点	Avolio等(1999)、Jung和Avolio(2000)、Barling等(2002)、Clarke(2013)
	TFLB8	管理者会提供关于工作问题的新方法	
	TFLB9	管理者会对提供解决工作的新角度	
	TFLB10	管理者会对员工进行个性化关注	
	TFLB11	管理者注重工作培训和教育	

变量名称	题项编号	题项内容	作者(年份)
交易型领导行为 (transactional leadership behavior)	TSLB1	管理者会认识到员工的成就	Avolio等(1999)、Jung 和 Avolio(2000)、 Barling 等 (2002)、 Clarke(2013)
	TSLB2	管理者会依据员工的安全工作表现进行分级奖励	
	TSLB3	管理者会关注员工的错误	
	TSLB4	管理者会跟踪员工的错误	
	TSLB5	管理者会根据员工的错误及时提出纠正措施	
	TSLB6	管理者只会对严重的问题进行反应	
	TSLB7	管理者只会对已发生问题进行处理	
	TSLB8	管理者会延迟回应遇到的问题	
管理行为 (management behavior)	MB1	管理者设置了合理的安全生产管理专职机构	Lu和Shang(2005)、 Vinodkumar和Bhasi （2010）、刘素霞等 (2014)
	MB2	管理者制定了明确的安全目标、安全规章制度	Lu和Shang(2005)、 Vinodkumar和Bhasi (2010)、曹庆仁等 (2011)、刘素霞等 (2014)
	MB3	管理者会定期进行安全总结	Lu和Shang(2005)、刘素霞等(2014)
	MB4	管理者会定期进行安全检查、记录、追踪	Lu和Shang(2005)、刘素霞等(2014)
	MB5	管理者会定期检查安全隐患并对隐患进行及时整改	Lu和Shang(2005)、刘素霞等(2014)
	MB6	管理者对员工安全生产实施奖惩机制	Lu和Shang(2005)、 Vinodkumar和Bhasi (2010)、刘素霞等(2014)
	MB7	管理者会对员工进行安全教育培训	Vredenburgh(2002)、 Lu和Shang(2005)、 Fernandez等(2007)、 Bronwyn(2007)、 曹庆仁等(2011)
	MB8	管理者会定期对安全设备、设施进行审查	Williamson(1997)、 刘素霞等(2014)
	MB9	管理者会对事故多发项目进行实时监督	曹庆仁等(2011)
	MB10	管理者经常与员工进行沟通交流	曹庆仁等(2011)

表3 施工人员安全行为初始测量题项

变量名称	题项编号	题项内容	作者(年份)
安全遵守行为 (safety compliance behavior)	SCB1	我会在工作中遵守安全规则和规定	Mearns等(2001)、Neal和Griffin (2006)、Christian等(2009)、Vinodkumar和Bhasi(2010)、曹庆仁等(2011)、DeArmond等(2011)、杨世军等(2012)、Kwon和Kim(2013)、刘素霞等(2014)
	SCB2	我会严格按照相关规定使用劳保用品和安全设备	Neal和Griffin(2006)、Parboteeah和Kapp(2008)、Christian等(2009)、Vinodkumar和Bhasi(2010)、曹庆仁等(2011)、DeArmond等(2011)、刘素霞等(2014)
	SCB3	我会在工作中避免危险行为	Neal和Griffin(2006)
	SCB4	我即使在有压力的情况下也遵守安全法规	Mearns等(2001)、Vinodkumar和Bhasi(2010)
	SCB5	我会选择最安全的方式进行工作	Mearns等(2001)、Neal和Griffin (2006)、Vinodkumar和Bhasi(2010)、DeArmond等(2011)、杨世军等(2012)、Kwon和Kim(2013)
	SCB6	我在工作时具有安全习惯	Neal和Griffin(2000)、Parboteeah和Kapp(2008)、Vinodkumar和Bhasi(2010)
	SCB7	我会按照要求定期检查、维护操作设备	刘素霞等(2014)
	SCB8	我在工作中主动配合安全管理人员的指挥、安排	刘素霞等(2014)
	SCB9	工作时我确保高度的安全水平	Neal和Griffin(2000)、Neal和Griffin(2006)、Vinodkumar和Bhasi(2010)、Kwon和Kim(2013)
	SCB10	我会及时报告伤害、事故和疾病	DeArmond等(2011)
	SCB11	我会参加降低安全风险的训练	Christian等(2009)
	SCB12	我会采取恰当的措施来避免危害或风险	Fugas(2013)

变量名称	题项编号	题项内容	作者(年份)
安全参与行为 (safety participation behavior)	SPB1	当我的同事处于危险或不利的情形时我会帮助他们	Neal和Griffin(2000)、Neal和Griffin(2006)、Christian等(2009)、Vinodkumar和Bhasi(2010)、DeArmond等(2011)、曹庆仁等(2011)、Kwon和Kim(2013)
	SPB2	我会参加安全会议	Neal和Griffin(2006)、Kwon和Kim(2013)
	SPB3	我会参与改善安全环境的活动	Neal和Griffin(2006)、杨世军等(2012)
	SPB4	我会为了提升工作场所的安全付出更多努力	Neal和Griffin(2000)、Neal和Griffin(2006)、Clark和Ward(2006)、Parboteeah和Kapp(2008)、Christian等(2009)、Vinodkumar和Bhasi(2010)、曹庆仁等(2011)、DeArmond等(2011)、Kwon和Kim(2013)
	SPB5	我会在安全施工方面表达自己的观点	Didla(2009)、曹庆仁等(2011)、杨世军等(2012)
	SPB6	当我发现任何与安全有关的事件时，总能够向管理层进行汇报	Didla(2009)、Christian等(2009)、Vinodkumar和Bhasi(2010)、DeArmond等(2011)
	SPB7	我会持续通知工作场所变化和保持公民的美德	Didla(2009)
	SPB8	我会参与制定安全目标、安全计划	Neal和Griffin(2006)、Clark和Ward(2006)、Parboteeah和Kapp(2008)、杨世军等(2012)、刘素霞等(2014)
	SPB9	我会与管理者沟通日常安全管理问题	刘素霞等(2014)
	SPB10	我会参与安全培训	DeArmond等(2011)、Kwon和Kim(2013)、刘素霞等(2014)
	SPB11	我会参加应急救援演练	Kwon和Kim(2013)、刘素霞等(2014)
	SPB12	我会参加安全事务讨论或者总结	Clark和Ward(2006)、刘素霞等(2014)
	SPB13	我会制止、纠正同事的错误操作或想法	DeArmond等(2011)、杨世军等(2012)
	SPB14	我会向同事示范正确的操作方法	杨世军等(2012)
	SPB15	我会参与讨论施工安全问题	杨世军等(2012)
	SPB16	我会参与公司安全风险评估工作	Clark和Ward(2006)、杨世军等(2012)
	SPB17	我鼓励我的同事进行安全工作	Vinodkumar和Bhasi(2010)、DeArmond等(2011)、Fugas(2013)

参考文献

[1] Heinrich H W. Industrial accident prevention. a scientific approach[M]. New York: McGraw-Hill Book Company, 1941.

[2] Bird Frank Jr E. Management Guide to Loss Control[M]. Atlanta, Georgia: Institute Press, 1974.

[3] Adams J G U. Risk and freedom: the record of road safety regulation[M]. Cardiff: Transport Publishing Projects, 1985.

[4] 邢益瑞. 建设工程事故致因相互影响关系研究[D]. 北京：清华大学，2010.

[5] 金龙哲，宋存义. 安全科学原理[M]. 北京：化学工业出版社，2004.

[6] Toole T M. Construction site safety roles[J]. Journal of Construction Engineering and Management, 2002, 128(3):203-210.

[7] Dongping, F., Yang, C., & Wong, L. Safety Climate in Construction Industry: A Case Study in Hong Kong[J]. Journal Of Construction Engineering & Management, 2006,132(6): 573-584.

[8] [美]斯蒂芬·P.罗宾斯，蒂莫西·A.贾奇. 组织行为学[M]. 第14版. 孙健敏，李原，黄小勇，译. 北京：中国人民大学出版社，2014.

[9] Bass B M. Leadership and performance beyond expectations[M]. Free Press; Collier Macmillan, 1985.

[10] Avolio B J, Bass B M, Jung D I. Re‐examining the components of transformational and transactional leadership using the Multifactor Leadership[J]. Journal of occupational and organizational psychology, 1999, 72(4): 441-462.

[11] Clarke S. Safety leadership: A meta‐analytic review of transformational

and transactional leadership styles as antecedents of safety behaviours[J]. Journal of Occupational and Organizational Psychology, 2013, 86(1): 22-49.

[12] 雍少宏，朱丽娅. 益组织行为与损组织行为：中国特征的角色外行为模型及其经验实证[J]. 管理学报，2013，10(1):12-21.

[13] Barnard C I. The functions of the executive[M]. Cambridge: Harvard University press, 1968.

[14] Katz D, Kahn R L. The social psychology of organizations[M]. New York: Wiley, 1978.

[15] Organ D W. Organizational citizenship behavior: The good soldier syndrome[M]. Lexington Books/DC Heath and Com, 1988.

[16] Williams L J, Anderson S E. Job satisfaction and organizational commitment as predictors of organizational citizenship and in-role behaviors[J]. Journal of management, 1991, 17(3): 601-617.

[17] Coleman V I, Borman W C. Investigating the underlying structure of the citizenship performance domain[J]. Human Resource Management Review, 2000, 10(1): 25-44.

[18] Borman W C, Motowidlo S J. Task performance and contextual performance: The meaning for personnel selection research[J]. Human performance, 1997, 10(2): 99-109.

[19] Robinson S L, Bennett R J. A typology of deviant workplace behaviors: A multidimensional scaling study[J]. Academy of management journal, 1995, 38(2): 555-572.

[20] Dalal R S. A meta-analysis of the relationship between organizational citizenship behavior and counterproductive work behavior[J]. Journal of applied psychology, 2005, 90(6): 1241.

[21] Sommers J A, Schell T L, Vodanovich S J. Developing a measure of individual differences in organizational revenge[J]. Journal of Business and Psychology, 2002, 17(2): 207-222.

[22] Bateman T S, Crant J M. The proactive component of organizational behavior: A measure and correlates[J]. Journal of organizational behavior, 1993, 14(2): 103-118.

[23] Parker S K, Williams H M, Turner N. Modeling the antecedents of proactive

behavior at work[J]. Journal of applied psychology, 2006, 91(3): 636.

[24] 赵欣，赵西萍，周密，等. 组织行为研究的新领域：积极行为研究述评及展望[J]. 管理学报，2011，8(11):1719-1727.

[25] Komaki J, Barwick K D, Scott L R. A behavioral approach to occupational safety: pinpointing and reinforcing safe performance in a food manufacturing plant[J]. Journal of applied Psychology, 1978, 63(4): 434.

[26] Krause T R. Moving to the second generation in behavior-based safety[C]// ASSE Professional Development Conference and Exposition. American Society of Safety Engineers, 2000.

[27] Smith T A. What's wrong with behavior-based safety[J]. Professional Safety, 1999, 44(9): 37-40.

[28] Krause T R, Seymour K J, Sloat K C M. Long-term evaluation of a behavior-based method for improving safety performance: a meta-analysis of 73 interrupted time-series replications[J]. Safety Science, 1999, 32(1): 1-18.

[29] DePasquale J P, Geller E S. Critical success factors for behavior-based safety: A study of twenty industry-wide applications[J]. Journal of Safety Research, 2000, 30(4): 237-249.

[30] Geller E S, Perdue S R, French A. Behavior-based safety coaching: 10 guidelines for successful application[J]. Professional Safety, 2004, 49(7): 42.

[31] Zhang M, Fang D. A continuous Behavior-Based Safety strategy for persistent safety improvement in construction industry[J]. Automation in Construction, 2013, 34: 101-107.

[32] Luory G C. A Dynamic Theory of Racial Income Differences[M]. in Women, Minoritiesand Employment Discrimination. P. Wallace and A.LaMont, eds. Lexington, Mass: Lexington Books,1977:153-186.

[33] Bourdieu P. The forms of capital[M]. New York: Greenwood Press, 1986.

[34] Lin, N. Social capital: a theory of social structure and action [M]. Cambridge: Cambridge University Press, 2001.

[35] Coleman J S, Foundations of social theory[M].Cambridge: Harvard University Press, 1994.

[36] Fukuyama, F. Trust: the social virtues and the creation of prosperity [M]. New York: Free Press, 1995.

[37] Putnam R. D. Tuning In, Tuning Out: The Strange Disappearance of Social Capital in America[J]. Political Science and Politics, 1995, 28(4): 664-683.

[38] Dmlauf, S. & Fafchamps, M.. Empirical studies of social capital: a critical survey[M]. Mimeo: University of Wisconsin, 2003.

[39] Turner J.T. Social capital: Measurement, dimensional interactions, and performance implications[D]. Clemson: Clemson University, 2011.

[40] Jeong S. W. Impacts of Social Capital on Motivation, Institutional Environment, and Consumer Loyalty toward a Rural Retailer[D]. Ohio State: The Ohio State University, 2011.

[41] 张其仔. 社会资本论——社会资本与经济增长[M]. 北京：社会科学文献出版社，1997.

[42] 边燕杰，丘海雄. 企业的社会资本及其功效[J]. 中国社会科学，2000(2): 87-99；207.

[43] 周小虎，陈传明. 企业社会资本与持续竞争优势[J]. 中国工业经济，2004，(5):90-96.

[44] 王革，张玉利，吴练达. 企业社会资本静态与动态分析[J]. 天津师范大学学报(社会科学版)，2004(1):16-20；37.

[45] 李敏. 论企业社会资本的有机构成及功能[J]. 中国工业经济，2005(8): 81-88.

[46] 刘林平. 企业的社会资本：概念反思和测量途径——兼评边燕杰、丘海雄的《企业的社会资本及其功效》[J]. 社会学研究，2006(2): 204-216.

[47] 陈传明，周小虎. 关于企业家社会资本的若干思考[J]. 南京社会科学，2001(11):1-6.

[48] 杨鹏鹏，万迪昉，王廷丽. 企业家社会资本及其与企业绩效的关系——研究综述与理论分析框架[J]. 当代经济科学，2005，27(4): 85-91；112.

[49] 王革，张玉利，吴练达. 企业社会资本静态与动态分析[J]. 天津师范大学学报(社会科学版)，2004(1): 16-20；37.

[50] 边燕杰. 城市居民社会资本的来源及作用：网络观点与调查发现[J]. 中国

社会科学，2004(3):136-146；208.

[51] 周红云. 社会资本及其在中国的研究与应用[J]. 经济社会体制比较，2004(2): 135-144.

[52] 刘传江，周玲. 社会资本与农民工的城市融合[J]. 人口研究，2004，28(5):12-18.

[53] 王春超，周先波. 社会资本能影响农民工收入吗？——基于有序响应收入模型的估计和检验[J]. 管理世界，2013(9): 55-68；101；187.

[54] [美]罗纳德·S伯特. 结构洞——竞争的社会结构[M]. 任敏，李璐，林虹，译. 上海：格致出版社，2011.

[55] Nagler M. Does Social Capital Promote Safety on the Roads?[J]. Economic Inquiry, 2013:51(2):1218-1231.

[56] Tang J, Leka S, Hunt N, MacLennan S. An exploration of workplace social capital as an sector[J]. International Archives Of Occupational And Environmental Health, 2014, 87(5):515-526.

[57] Vieno A, Nation M, Perkins D, Pastore M, Santinello M. Social capital, safety concerns, parenting, and early adolescents' antisocial behavior[J]. Journal of Community Psychology, 2010, 38(3):314-328.

[58] Koh T, Rowlinson S. Relational approach in managing construction project safety: A social capital perspective[J]. Accident Analysis and Prevention, 2012，48:134-144.

[59] Koh T, Rowlinson S. Project Team Social Capital, Safety Behaviors, and Performance: A Multi-level Conceptual Framework[J]. Procedia Engineering, 2014，85:311-318.

[60] Chang C, Huang H, Chiang C, Hsu C, Chang C. Social capital and knowledge sharing: effects on patient safety[J]. Journal Of Advanced Nursing2012, 68(8):1793-1803.

[61] Rao S. Safety culture and accident analysis—A socio-management approach based on organizational safety social capital[J]. Journal of Hazardous Materials, 2007, 142(3):730-740.

[62] Wood L, Shannon T, Bulsara M, Pikora T, McCormack G, Giles-Corti B. The anatomy of the safe and social suburb: An exploratory study of the built environment, social

capital and residents' perceptions of safety[J]. Health &Place, 2008, 14(1):15-31.

[63] 李书全，宋孟孟，周远. 施工企业内社会资本、情绪智力与安全绩效关系研究[J]. 中国安全生产科学技术，2014，09: 67-71.

[64] Neisser U. Cognitive psychology[M]. New York: Appleton-Century-Crofts, 1967.

[65] 乐国安. 现代认知心理学的产生(上)[J]. 心理学探新，1983(3):1-9.

[66] 张积家，杨春晓，孙新兰. 论"认知"与"认识"的分野——兼与赵璧如先生商榷[J]. 中国社会科学，1995(2):121-128.

[67] Ajzen I, Fishbein M. Understanding Attitudes and Predicting Social Behavior [M].NJ: Prentice-Hall, 1975.

[68] 谭波，吴超. 2000—2010年安全行为学研究进展及其分析[J]. 中国安全科学学报，2011，21(12):17-26.

[69] 张跃兵，张超，王志亮. 安全行为特征的研究及其应用[J]. 中国安全科学学报，2013，23(7):3-7.

[70] 梁丽. 关于安全行为科学的探讨[J]. 中国安全科学学报，1997，7(2):13-16.

[71] 张舒. 矿山企业管理者安全行为实证研究[D]. 长沙：中南大学，2012.

[72] Mattila M, Hyttinen M, Rantanen E. Effective supervisory behaviour and safety at the building site[J]. International Journal of Industrial Ergonomics, 1994, 13(2): 85-93.

[73] Ray P S, Bishop P A. Can training alone ensure a safe workplace?[J]. Professional Safety, 1995, 40(4): 56.

[74] Simard M, Marchand A. A multilevel analysis of organisational factors related to the taking of safety initiatives by work groups[J]. Safety Science, 1995, 21(2): 113-129.

[75] Krause T R. Employee-driven systems for safe behavior: Integrating behavioral and statistical methodologies[M]. New York:Van Nostrand Reinhold Company, 1995.

[76] Wiegman, D. A., Shappell, S. A. Human error analysis of commercial aviation accidents: application of the HumanFactors Analysis and Classification System (HFACS) [J]. Aviation, Space, and Environmental Medicine, 2001, 72(11):1006-1016.

[77] Vredenburgh A G. Organizational safety: which management practices are

most effective in reducing employee injury rates?[J]. Journal of safety Research, 2002, 33(2): 259-276.

[78] Zohar D. The effects of leadership dimensions, safety climate, and assigned priorities on minor injuries in work groups[J]. Journal of Organizational Behavior, 2002, 23(1): 75-92.

[79] Zohar D. Modifying supervisory practices to improve subunit safety: a leadership-based intervention model[J]. Journal of Applied psychology, 2002, 87(1): 156.

[80] Barling J, Loughlin C, Kelloway E K. Development and test of a model linking safety-specific transformational leadership and occupational safety[J]. Journal of Applied Psychology, 2002, 87(3): 488.

[81] Neal, Andrew; Griffin, Mark A. Safety climate and safety at work.Barling, Julian (Ed); Frone, Michael R. (Ed), (2004). The psychology of workplace safety. , (pp. 15-34). Washington, DC, US: American Psychological Association.

[82] Zacharatos A, Barling J, Iverson R D. High-performance work systems and occupational safety[J]. Journal of Applied Psychology, 2005, 90(1): 77.

[83] Clarke S, Ward K. The role of leader influence tactics and safety climate in engaging employees' safety participation[J]. Risk Analysis, 2006, 26(5): 1175-1185.

[84] Michael J H, Guo Z G, Wiedenbeck J K, et al. Production supervisor impacts on subordinates' safety outcomes: An investigation of leader-member exchange and safety communication[J]. Journal of Safety Research, 2006, 37(5): 469-477.

[85] Kath L M, Marks K M, Ranney J. Safety climate dimensions, leader–member exchange, and organizational support as predictors of upward safety communication in a sample of rail industry workers[J]. Safety Science, 2010, 48(5): 643-650.

[86] Conchie S M, Donald I J. The moderating role of safety-specific trust on the relation between safety-specific leadership and safety citizenship behaviors[J]. Journal of Occupational Health Psychology, 2009, 14(2): 137.

[87] Kines P, Andersen L P S, Spangenberg S, et al. Improving construction site safety through leader-based verbal safety communication[J]. Journal of Safety Research, 2010, 41(5): 399-406.

[88] Lu C S, Yang C S. Safety leadership and safety behavior in container terminal

operations[J]. Safety science, 2010, 48(2): 123-134.

[89] DeJoy D M, Della L J, Vandenberg R J, et al. Making work safer: Testing a model of social exchange and safety management[J]. Journal of safety research, 2010, 41(2): 163-171.

[90] Törner M. The "social-physiology" of safety. An integrative approach to understanding organisational psychological mechanisms behind safety performance[J]. Safety Science, 2011, 49(8): 1262-1269.

[91] Kapp E A. The influence of supervisor leadership practices and perceived group safety climate on employee safety performance[J]. Safety science, 2012, 50(4): 1119-1124.

[92] Ismail Z, Doostdar S, Harun Z. Factors influencing the implementation of a safety management system for construction sites[J]. Safety Science, 2012, 50(3): 418-423.

[93] Conchie S M, Moon S, Duncan M. Supervisors' engagement in safety leadership: Factors that help and hinder[J]. Safety science, 2013, 51(1): 109-117.

[94] Cheng E W L, Ryan N, Kelly S. Exploring the perceived influence of safety management practices on project performance in the construction industry[J]. Safety science, 2012, 50(2): 363-369.

[95] Fernández-Muñiz B, Montes-Peón J M, Vázquez-Ordás C J. Safety leadership, risk management and safety performance in Spanish firms[J]. Safety science, 2014, 70: 295-307.

[96] Yeow P H P, Goomas D T. Outcome-and-behavior-based safety incentive program to reduce accidents: A case study of a fluid manufacturing plant[J]. Safety science, 2014, 70: 429-437.

[97] Mattson M, Torbiörn I, Hellgren J. Effects of staff bonus systems on safety behaviors[J]. Human Resource Management Review, 2014, 24(1): 17-30.

[98] Shin M, Lee H S, Park M, et al. A system dynamics approach for modeling construction workers' safety attitudes and behaviors[J]. Accident Analysis & Prevention, 2014, 68: 95-105.

[99] Fruhen L S, Mearns K J, Flin R, et al. Skills, knowledge and senior managers' demonstrations of safety commitment[J]. Safety Science, 2014, 69: 29-36.

[100] Hardison D, Behm M, Hallowell M R, et al. Identifying construction supervisor competencies for effective site safety[J]. Safety science, 2014, 65: 45-53.

[101] Ray P S, Bishop P A, Wang M Q. Efficacy of the components of a behavioral safety program[J]. International Journal of Industrial Ergonomics, 1997, 19(1): 19-29.

[102] Chhokar J S, Wallin J A. Improving safety through applied behavior analysis[J]. Journal of Safety Research, 1985, 15(4): 141-151.

[103] Sulzer-Azaroff B. The modification of occupational safety behavior[J]. Journal of Occupational Accidents, 1987, 9(3): 177-197.

[104] DeJoy D M. Theoretical models of health behavior and workplace self-protective behavior[J]. Journal of Safety Research, 1996, 27(2): 61-72.

[105] Marchand A, Simard M, Carpentier-Roy M C, et al. From a unidimensional to a bidimensional concept and measurement of workers' safety behavior[J]. Scandinavian journal of work, environment & health, 1998: 293-299.

[106] Reason J, Parker D, Lawton R. Organizational controls and safety: The varieties of rule‐related behaviour[J]. Journal of occupational and organizational psychology, 1998, 71(4): 289-304.

[107] Lingard H, Rowlinson S. Behavior-based safety management in Hong Kong's construction industry[J]. Journal of Safety Research, 1998, 28(4): 243-256.

[108] Krause T R. Safety incentives from a behavioral perspective: Presenting a balance sheet[J]. Professional Safety, 1998, 43(8): 24.

[109] Geller E S, Clarke S W. Safety self-management: A key behavior-based process for injury prevention[J]. Professional Safety, 1999, 44(7): 29.

[110] Hofmann D A, Morgeson F P, Gerras S J. Climate as a moderator of the relationship between leader-member exchange and content specific citizenship: safety climate as an exemplar[J]. Journal of Applied Psychology, 2003, 88(1): 170-178.

[111] Neal A, Griffin M A, Hart P M. The impact of organizational climate on safety climate and individual behavior[J]. Safety science, 2000, 34(1): 99-109.

[112] Williams J H, Geller E S. Behavior-based intervention for occupational safety: Critical impact of social comparison feedback[J]. Journal of Safety Research, 2000, 31(3): 135-142.

[113] Walker A, Hutton D M. The application of the psychological contract to workplace safety[J]. Journal of safety research, 2006, 37(5): 433-441.

[114] Parboteeah K P, Kapp E A. Ethical climates and workplace safety behaviors: An empirical investigation[J]. Journal of Business Ethics, 2008, 80(3): 515-529.

[115] Choudhry R M, Fang D. Why operatives engage in unsafe work behavior: Investigating factors on construction sites[J]. Safety science, 2008, 46(4): 566-584.

[116] Leung M Y, Liang Q, Olomolaiye P. Impact of Job Stressors and Stress on the Safety Behavior and Accidents of Construction Workers[J]. Journal of Management in Engineering, 2015: 04015019.

[117] Fugas C S, Meliá J L, Silva S A. The "is" and the "ought": How do perceived social norms influence safety behaviors at work?[J]. Journal of occupational health psychology, 2011, 16(1): 67.

[118] Fugas C S, Silva S A, Meliá J L. Another look at safety climate and safety behavior: Deepening the cognitive and social mediator mechanisms[J]. Accident Analysis & Prevention, 2012, 45: 468-477.

[119] Clarke S. The effect of challenge and hindrance stressors on safety behavior and safety outcomes: A meta-analysis[J]. Journal of occupational health psychology, 2012, 17(4): 387.

[120] 林汉川, 王皓, 王莉. 安全管制、责任规则与煤矿企业安全行为[J]. 中国工业经济，2008(6):17-24.

[121] 曹庆仁. 管理者与员工在不安全行为控制认识上的差异研究[J]. 中国安全科学学报，2007，17(1):22-28；177.

[122] 曹庆仁, 李凯, 李静林. 管理者行为对矿工不安全行为的影响关系研究[J]. 管理科学，2011，24(6):69-78.

[123] 吴浩捷. 建设项目安全文化和行为安全的理论与实证研究[D]. 北京：清华大学，2013.

[124] 刘素霞, 梅强, 杜建国, 等. 企业组织安全行为、员工安全行为与安全绩效——基于中国中小企业的实证研究[J]. 系统管理学报，2014，23(1):118-129.

[125] 李乃文, 姜群山. 安全领导、安全动机与安全行为的结构方程模型[J]. 中国安全科学学报，2015，25(4):23-29.

[126] 王丹，宫晶晶，郭飞. 安全管理者的威权领导对矿工安全行为的影响研究[J]. 中国安全生产科学技术，2015，11(1):121-126.

[127] 潘奋. 激励劳动者安全行为实现企业安全化生产[J]. 中国安全科学学报，1998，(3):68-71.

[128] 李志宪,杨漫红. 安全文化对安全行为的影响模式[J]. 中国安全科学学报，2001，11(5):1；17-19.

[129] 张锦朋，陈伟炯，杲庆林，沈淳. 航海人员的不安全行为分析与评价模型研究[J]. 中国安全科学学报，2005，15(10):3；47-51.

[130] 张吉广，张伶. 安全氛围对企业安全行为的影响研究[J]. 中国安全生产科学技术，2007，3(1):106-110.

[131] 李乃文，马跃. 基于流程思想的矿工安全行为习惯塑造研究[J]. 中国安全科学学报，2010，20(3):120-124.

[132] 殷文韬，傅贵，张苏，等. 煤矿企业员工不安全行为影响因子分析研究[J]. 中国安全科学学报，2012，22(11):150-155.

[133] 吴建金，耿修林，傅贵. 基于中介效应法的安全氛围对员工安全行为的影响研究[J]. 中国安全生产科学技术，2013，9(3):80-86.

[134] 居婕，杨高升，杨鹏. 建筑工人不安全行为影响因子分析及控制措施研究[J]. 中国安全生产科学技术，2013，9(11):179-184.

[135] 陈雨峰，梅强，刘素霞. 中小企业新生代农民工安全行为影响因素研究[J]. 中国安全科学学报，2014，10(9):134-140.

[136] 栗继祖，陈新国. 煤矿员工心理特点与安全行为管理对策研究[J]. 管理世界，2014，(2):174-175.

[137] 田水承，李广利，陈盈，等. 矿工安全诚信与不安全行为影响关系研究[J]. 中国安全科学学报，2014，24(11):17-22.

[138] 李书全，吴秀宇，袁小妹，等. 基于GA-SVM的施工人员安全行为影响因素及决策模型研究[J]. 中国安全生产科学技术，2014，10(12):185-191.

[139] 胡艳，许白龙. 工作不安全感、工作生活质量与安全行为[J]. 中国安全生产科学技术，2014，10(2):69-74.

[140] 潘成林，杨振宏，何小访. 基于杜邦STOP系统及行为安全理论的非煤矿山不安全行为研究[J]. 中国安全生产科学技术，2014，10(5):174-179.

[141] 袁朋伟，宋守信，董晓庆. 地铁检修人员安全行为与风险知觉、安全态度的关系研究[J]. 中国安全科学学报，2014，24(5):144-149.

[142] 赵延东，罗家德. 如何测量社会资本：一个经验研究综述[J]. 国外社会科学，2005，02:18-24.

[143] Nahapiet J, Ghoshal S. Social capital, intellectual capital, and the organizational advantage[J]. Academy of Management Review, 1998, 23(2): 242-266.

[144] 陈晓萍，徐淑英，樊景立. 组织与管理研究方法[M]. 北京：北京大学出版社，2008.

[145] 罗家德，郑孟育，谢智棋. 实践性社群内社会资本对知识分享的影响[J]. 江苏社会科学，2007(03):131-141.

[146] 李书全，吴秀宇，胡少培，等. 施工企业安全投资，员工安全能力与安全绩效实证研究[J]. 中国安全生产科学技术，2015，11(3):141-147.

[147] Wu T C, Chen C H, Li C C. A correlation among safety leadership, safety climate and safety performance[J]. Journal of Loss Prevention in the Process Industries, 2008, 21(3): 307-318.

[148] Cacciabue P C. Human error risk management for engineering systems: a methodology for design, safety assessment, accident investigation and training[J]. Reliability Engineering & System Safety, 2004, 83(2): 229-240.

[149] Aksorn T, Hadikusumo B H W. Critical success factors influencing safety program performance in Thai construction projects[J]. Safety Science, 2008, 46(4): 709-727.

[150] 骆方，刘红云，黄崑. SPSS数据统计与分析[M]. 北京：清华大学出版社，2011:152.

[151] Nguyen D V, Rocke D M. Tumor classification by partial least squares using microarray gene expression data[J]. Bioinformatics, 2002, 18(1): 39-50.

[152] 王惠文，仪彬，叶明. 基于主基底分析的变量筛选[J]. 北京航空航天大学学报，2008(11):1288-1291.

[153] 陈全润，杨翠红. "类逐步回归"变量筛选法及其在农村居民收入预测中的应用[J]. 系统工程理论与实践，2008(11):16-22；28.

[154] 李书全，吴秀宇. 遗传算法函数寻优性能影响因素分析——基于正交试

验的方法[J]. 计算机工程与应用，2015 (6):1-5.

[155] 雷英杰，张善文，李续武，周创明. 遗传算法工具箱及应用[M]. 西安：西安电子科技大学出版社，2005.

[156] 史峰，王小川，郁磊，等. MATLAB神经网络30个案例分析[M]. 北京：北京航空航天大学出版社，2010.

[157] 梁振东，刘海滨. 个体特征因素对不安全行为影响的SEM研究[J]. 中国安全科学学报，2013，23(2):27-33.

[158] Mitropoulos P, Memarian B. Team Processes and Safety of Workers: Cognitive, Affective, and Behavioral Processes of Construction Crews[J]. Journal of Construction Engineering and Management, 2012, 138(10):1181-1191.

[159] Sunindijo R, Zou P. Conceptualizing Safety Management in Construction Projects[J]. Journal Of Construction Engineering & Management, 2013; 139(9):1144-1153.

[160] 周远，吴秀宇. 建筑施工企业安全投资决策的 RS-SVM 模型研究[J]. 中国安全科学学报，2015，25(5):98-102.

[161] Zhou, Q., Fang, D., & Wang, X. A Method to Identify Strategies for the Improvement of Human Safety Behavior by Considering Safety Climate and Personal Experience[J]. Safety Science, 2008,46(10): 1406-1419.

[162] Chen Q, Jin R. Multilevel Safety Culture and Climate Survey for Assessing New Safety Program[J]. Journal Of Construction Engineering & Management, 2013, 139(7):805-817.

[163] Lin, S. An Analysis for Construction Engineering Networks [J]. Journal Of Construction Engineering & Management, 2015,141(5):1-13.

[164] Chinowsky P, Diekmann J, O'Brien J. Project Organizations as Social Networks[J]. Journal of Construction Engineering & Management, 2010,136(4):452-458.

[165] Tang S, Ying K, Chan W, Chan Y. Impact of Social Safety Investments on Social Costs of Construction Accidents[J]. Construction Management & Economics, 2004,22(9):937-946.

[166] Sadullah Ö, Kanten S. A Research on the Effect of Organizational Safety

Climate Upon the Safe Behaviors[J]. Ege Academic Review, 2009,9(3): 923-932.

[167] Jacobs, R. Haber, S. Organisational processes and nuclear power plant safety, Reliability Engineering & System Safety, 1994, 45(1-2): 75-83.

[168] Jitwasinkul B, Hadikusumo B. Identification of Important Organisational Factors Influencing Safety Work Behaviours in Construction Projects[J]. Journal Of Civil Engineering & Management, 2011,17(4):520-528.

[169] Li H, Lu M, Hsu S, Gray M, Huang T. Proactive Behavior-based Safety Management for Construction Safety Improvement[J]. Safety Science, 2015,75:107-117.

[170] Neal, A., & Griffin, M. A. A Study of the Lagged Relationships Among Safety Climate, Safety Motivation, Safety Behavior, and Accidents at the Individual and Group Levels[J]. Journal Of Applied Psychology, 2006,91(4), 946-953.

[171] Griffin R. Relationships Among Individual, Task Design, and Leader Behavior Variables[J]. Academy Of Management Journal, 1980,23(4):665-683.

[172] Vijayalakshmi V, Bhattacharyya S. Emotional Contagion and its Relevance to Individual Behavior and Organizational Processes: A Position Paper[J]. Journal Of Business & Psychology, 2012,27(3):363-374.

[173] Nahapiet J, Ghoshal S. Social capital, intellectual capital, and the organizational advantage[J]. Academy of management review, 1998, 23(2): 242-266.

[174] Surry J. Industrial accident research: a human engineering appraisal[M]. University of Toronto, Department of Industrial Engineering, 1969.

[175] Ajzen I. The theory of planned behavior[J]. Organizational behavior and human decision processes, 1991, 50(2):179-211.

[176] Allahyari, T., Rangi, N. H., Khalkhali, H., & Khosravi, Y.. Occupational cognitive failures and safety performance in the workplace[J]. International journal of occupational safety and ergonomics: JOSE, 2013, 20(1):175-180.

[177] Mitropoulos P, Memarian B. Team processes and safety of workers: cognitive, affective, and behavioral processes of construction crews[J]. Journal of Construction Engineering and Management, 2012, 138(10):1181-1191.

[178] Jones J W, Wuebker L J. Safety locus of control and employees'

accidents[J]. Journal of Business and Psychology, 1993, 7(4):449-457.

[179] 张孟春，方东平. 建筑工人不安全行为产生的认知原因和管理措施[J]. 土木工程学报，2012，S2:297-305.

[180] Mohnen, S. M., Völker, B., Flap, H., & Groenewegen, P. P Health-related behavior as a mechanism behind the relationship between neighborhood social capital and individual health-a multilevel analysis[J]. BMC public health, 2012, 12(1):116.

[181] Carmeli A, Brueller D, Dutton J E. Learning behaviours in the workplace: The role of high quality interpersonal relationships and psychological safety[J]. Systems Research and Behavioral Science, 2009, 26(1):81-98.

[182] 吴明隆. 结构方程模型——AMOS的操作与应用[M]，重庆：重庆大学出版社，2009:160.

[183] Yin R K. Case study research: Design and methods,[M]. Thousand Oaks:International Educational and Professional Publisher,1994.

[184] 许晖，纪春礼，李季，等. 基于组织免疫视角的科技型中小企业风险应对机理研究[J]. 管理世界，2011(2):142-154.

[185] 周长辉. 中国企业战略变革过程研究: 五矿经验及一般启示[J]. 管理世界，2005，12: 123-136.

[186] Eisenhardt K M. Building theories from case study research[J]. Academy of management review, 1989, 14(4): 532-550.

[187] Xiuyu Wu, Heap-Yih Chong, Ge Wang, Shuquan Li. The Influence of Social Capitalism on Construction Safety Behaviors: An Exploratory Megaproject Case Study[J]. Sustainability.2018, 10(9):3098.

[188] Ozcan P, Eisenhardt K M. Origin of alliance portfolios: Entrepreneurs, network strategies, and firm performance[J]. Academy of Management Journal, 2009, 52(2): 246-279.

[189] 毛基业，李晓燕. 理论在案例研究中的作用——中国企业管理案例论坛(2009) 综述与范文分析[J]. 管理世界，2010(2):106-113.

[190] Jack B, Clarke A M. The purpose and use of questionnaires in research[J]. Professional nurse (London, England), 1998, 14(3): 176.

[191] Marshall G. The purpose, design and administration of a questionnaire for

data collection[J]. Radiography, 2005, 11(2): 131-136.

[192] 廖中举. 基于认知视角的企业突发事件预防行为及其绩效研究[D]. 杭州：浙江大学，2015.

[193] Jung D I, Avolio B J. Opening the black box: An experimental investigation of the mediating effects of trust and value congruence on transformational and transactional leadership[J]. Journal of organizational Behavior, 2000, 21(8): 949-964.

[194] Bagozzi R P, Phillips L W. Representing and testing organizational theories: A holistic construal[J]. Administrative Science Quarterly, 1982: 459-489.

[195] 冯岩松. SPSS22.0统计分析应用教程[M]. 北京：清华大学出版社，2015.

[196] Kline R B. Principles and practice of structural equation modeling[M]. New York: Guilford publications, 2015.

[197] Gorsuch, R. Factor analysis[M]. Hillsdale, NJ: L. Erlbaum Associates. 1983.

[198] McDonald R P, Ho M H R. Principles and practice in reporting structural equation analyses[J]. Psychological methods, 2002, 7(1): 64.

[199] 温忠麟，侯杰泰，张雷. 调节效应与中介效应的比较和应用[J]. 心理学报，2005，37(2):268-274.

[200] 温忠麟，侯杰泰. 隐变量交互效应分析方法的比较与评价[J]. 数理统计与管理，2004，23(3):37-42.

[201] Marsh H W, Wen Z, Hau K T. Structural equation models of latent interactions: evaluation of alternative estimation strategies and indicator construction[J]. Psychological methods, 2004, 9(3): 275.

[202] 王先甲，全吉，刘伟兵. 有限理性下的演化博弈与合作机制研究[J]. 系统工程理论与实践，2011，31(专刊1): 82-93.

[203] Smith J M, Price G R. lhe Logic of Animal Conflict[J]. Nature, 1973, 246: 15.

[204] Taylor P D, Jonker L B. Evolutionary stable strategies and game dynamics[J]. Mathematical biosciences, 1978, 40(1): 145-156.

[205] 黄凯南. 演化博弈与演化经济学[J]. 经济研究，2009(2): 132-145.

[206] Friedman D. Evolutionary games in economics[J]. Econometrica: Journal of the Econometric Society, 1991: 637-666.